基础篇钩针编织基础

钩针编织非常简单，即便是初学者，只要掌握了基本的针法就能学会。
看上去很难的作品，事实上也是应用基本技巧钩织而成。
想尝试学习钩针编织，但却不知道从何做起……
在这里，为方便广大初学者学习，我们特地从钩织前的基础篇开始介绍。

Step1 钩织前的准备

如果你想学习钩织，首先，就要在脑海里勾勒中喜欢的作品。
为了避免半途而废，钩织自己喜欢的作品是至关重要的。
看看书，或是到手工店去转一转，找找自己喜欢的作品吧！

●何谓钩针编织？

在这里，我们向编织初学者推荐钩针编织。
它用一根针端带有挂钩的针来进行钩织。
钩针编织可以非常方便地用来钩织饰品和包包等小件物品，同时可以在短时间内完成，很容易上手。

●钩针编织的代表性钩织方法

主题图案钩织
主题图案钩织可以织出圆形、四方形、六角形、花朵等各种形状的主题图案，非常适合初学者。

网眼编织·方眼编织
这种钩织方法织出的花样看上去类似网眼或方眼。它是花样钩织的一种，只需运用基本针法就可以织出围巾等较大件的物品。

花样钩织
使用这种钩织方法，可以在织片中钩出扇形、菠萝形等花样。这种方法适合有一定钩织基础的人。

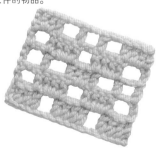

Step2 准备好钩织线和钩针

要想钩织出美观的作品，一定要选择合适的钩织线和钩针。
直线型钩织线针脚清晰，因此较适合初学者使用。
找到中意的作品后，可以将其作为参考，然后挑选出合适的钩织线和钩针。

●钩织小物的必备工具

无论是钩织围巾、帽子还是包包，钩织线和钩针都是不可或缺的基本材料。
如果想钩织本书中刊登的作品，只要将 P85 ~ How to Make "用料和工具" 栏中所
列出的钩织线和钩针备齐即可。

毛线

决定好要钩织的作品之后，首先要选择粗
细合适的钩织线。如果是秋冬季的小物品，
通常使用羊毛线；如果是春夏季的小物品，
通常使用麻线或棉线。每个线卷都带有一
张标签纸，上面介绍了该钩织线的成分、粗
细等详细信息，请仔细确认。

→ 在 P6 中有详细解说。

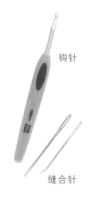

钩针

缝合针

针

钩针的前端带有一个挂钩，便于钩织时勾线
引拔。根据钩织线的粗细来选择不同规格
的钩针。如果钩织线与钩针规格不一致，钩
出来的作品尺寸会发生变化，因此这一点要
格外注意。缝合针是处理线头和拼接织片
时的必备用品。

→ 在 P7 中有详细解说

 小 提 示

有了这些工具，就会使钩织变得更加方便。

除钩针以外，如还备有其他专用工具，会大大使钩织过程变得简单方便。
在钩织过程中，钩织行数常常容易搞错，有了这些小工具可以进行行数确认，还可以整理针脚和织片的形状。提
高效率，让手工编织更加方便自如。

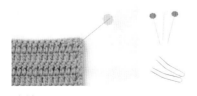

行数环

可以挂在织片上作为行数或增减针位置的
记号,避免中途重新数数,是钩编时的好帮手。
同时还可以作为织片拼接处的记号来使用。

珠针

钩好织片后，可以使用珠针将织片按照成品
尺寸暂时固定在熨台上。用蒸汽熨斗熨烫固
定好的织片，织片的针脚、形状可以整齐地
摊开。

蒸汽熨斗

熨烫织片要使用蒸汽式熨斗。熨斗不直接
接触织片，而是稍稍悬置于织片上方，利用
蒸汽熏喷将卷边处熨烫平整。

钩织线的介绍

从极细到特粗的钩织线，钩针可以与各种粗细的线搭配使用。
由于钩织线成分、形状等各不相同，因此我们需要根据用途选择合适的线。
为保证钩好的织片尺寸与预计相符，初学者可选用与书中相同的钩织线，以达到预期效果。

● 标签的解读

每个线卷都会带有一张标签纸（如右图所示），上面详细地介绍了该钩织线的各种信息。如果到手工店去选线，首先要确认一下标签。选择钩织线的时候，如事先确定好线的成分、使用量、钩针号数，则会使选线过程事半功倍。（选好钩织线后，不要忘记该线的制造商名、线名以及色号）

这些符号用来标示洗濯、整理时的注意事项。

用棒针编织时适用的针号（针的粗细）

色号和批量编号。钩织过程中线不够用时，记下这两个号非常方便。即使色号相同，当批量编号不同时，钩织线的颜色有时仍会有所差异，这一点请注意。

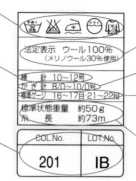

钩织线的成分。此处表示，同样是羊毛线，但该毛线中加入了30%含量的美利奴羊毛。

用钩针编织时适用的针号（针的粗细）

此处表示，用这里推荐粗细的针（一般多以棒针为基准）编织物品时，每10cm见方的面积所钩织的针数和行数。

1卷线的标准重量和钩织线的长度。即使重量相同，如果钩织线的粗细不同，那么线的长度也会有所不同。

● 毛线的粗细

从极细型到直径达到1cm的特粗型，毛线的粗细种类繁多。即使是相同粗细类型的毛线，也会存在着微妙的差异。因此，在钩织过程中最好边确认织片尺寸边进行钩织。

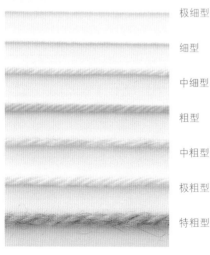

极细型

细型

中细型

粗型

中粗型

极粗型

特粗型

● 毛线的种类

直线型钩织线针脚清晰，比较便于接触钩织不久的初学者使用。
使用丝光线或长毛线等花式线进行钩织时，可以钩出别样的风格。
只要变化一下钩织线的成分，就可以织出不同风格的作品。

羊毛线
用羊毛制作而成的线，是冬天使用的常规线。它保暖性好，颜色种类丰富。直线型毛线最适合主题图案钩织、镂空花样钩织和配色花样钩织。

棉线
成分是棉。因其吸水性好，手感柔软而深受欢迎。适合钩织包包、饰品等小件物品。其柔和的色调也非常美观。

麻线
麻线的特征是具有光滑的手感和非常自然的颜色。同时，它具有一定的张力，从杂货到衣服，可以用于多种物品的钩织。

花边线（蕾丝线）
花边线较细，主要成分是棉线或丝绸。比较适合钩织饰品、垫布等花样比较纤细的物品。有的花边线极细，需用花边针进行钩织。

花式线
花式线有的自身就带有圈圈，有的毛很长，这种线本身就有一定的特征。只是针脚不太容易看清楚，但钩出的作品非常有个性。

钩针的介绍

根据钩织线的粗细，我们来挑选一下合适的钩针吧！钩针种类繁多，有单头钩针、双头钩针，还有带手柄的钩针。钩针的材质也有很多种，有金属制、塑料制等等。不同材质的钩针在编织时手感也不太一样，请根据自己的喜好挑选合适的钩针。

●钩针的粗细

钩针的粗细用号数来表示。数字越大，钩针越粗。超过 10/0 号的钩针用 mm（针轴的直径）来表示粗细。
钩织作品时所使用的钩针，依据钩织线标签上标示的标准用针的号数来选择。

钩针的粗细（与实物等大）	号数	钩织线					
	2/0 号	极细单股或双股线		中细单股线			
	3/0 号	极细单股或双股线	细双股线	中细单股线			
	4/0 号		细双股线		粗单股线		
	5/0 号	极细双股线	细双股线	中细单股或双股线	粗单股线		
	6/0 号	极细双股线	细双股线	中细单股或双股线	粗单股线	中粗单股线	
	7/0 号			中细单股或双股线	粗单股线	中粗单股线	
	7.5/0 号			中细双股线	粗单股线	中粗单股线	极粗单股线
	8/0 号			中细双股线		中粗单股线	极粗单股线
	9/0 号					中粗单股或双股线	极粗单股线
	10/0 号					中粗单股或双股线	极粗单股线

小贴士

钩织时必备的各种针

除以上所提到的钩针，根据钩织线和用途的不同，钩织还要用到以下的专用针。若想钩织出美观的织片，选择正确的钩针是非常重要的。请记住各种针的特征，以便在正确场合区分使用。

花边针
比 2/0 号钩针更细的针叫做花边针。一般来讲，花边针针号为 0 ~ 12 号。与钩针不同，花边针的数字越大针轴越细。

特粗针
特粗针主要搭配极粗~超粗型线使用，最粗的可达到 20mm。塑料制的特粗针很轻，可以进行快速钩织。

缝合针
在拼接织片和整理线头时使用。缝合针针尖较钝，这是为了防止挑针时钩织线损坏。需根据钩织线的粗细来选择针号。

Step3 符号图的解读

符号图由符号化的针脚组合而成。钩针编织需按照符号图进行。
符号图均表示织片正面的针脚组合。
只要记住解读符号的法则，就能顺利地进行钩织。

●来回钩织

将织片进行来回钩织时，每织一行都要将织片翻到另一面，从右到左进行钩织。
可以根据符号图上立针的位置判断织片正反面。立针在右，从正面钩织，立针在左，则从反面钩织。
从正面钩织时，按照从右到左的顺序看符号图，
从反面钩织时，顺序相反，从左到右看符号图。

织片（正面）

织片（反面）

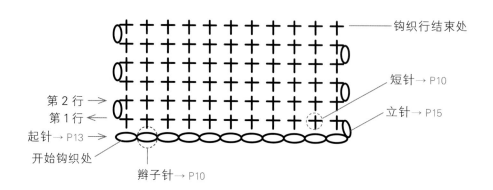

钩织行结束处

短针→P10

立针→P15

第2行→

第1行←

起针→P13

开始钩织处

辫子针→P10

●环形编织

由符号图的中心开始一圈一圈进行环编时，只需看织片的正面即可。

钩织方向基本上为逆时针方向。

环编的起针有绕线起针法 (P18) 和辫子针起针法 (P20)，一般来讲，需在前一行的最后钩 1 针引拔针再钩织下一行的立针，但有时也可能不钩立针。

织片 (正面)   织片 (反面)

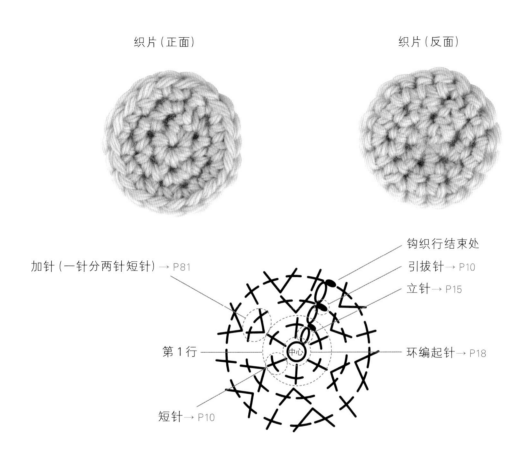

加针 (一针分两针短针) → P81

钩织行结束处

引拔针 → P10

立针 → P15

第 1 行

中心

环编起针 → P18

短针 → P10

🌸 小贴士

钩织密度的介绍

钩织密度是指针脚的大小。钩织作品时，它是用来决定织片尺寸的基准。如果自己钩织的织片与设想的作品钩织密度相同，那么成品尺寸也会相同。

1行

1针

<钩织密度的测量方法>钩织时，有针脚排列规则的织片，也有组合而成的不规则织片，两者的钩织密度测量方法不同。测量钩织密度时，要事先用蒸汽熨斗将织片针脚熨烫平整以后再进行测量。

●规则的织片一般计算 10cm 边长的正方形面积内钩织的针数与行数。

●较复杂的织片以花样为单位，测量横向和纵向的长度。

常用的钩织符号和针法

钩针编织常用的针法共有 5 种。记住这些钩织符号和针法，就可以边看符号图边钩出更多的作品。
大多数织片是组合这些针法来钩织花样的。

辫子针（锁针）

1 沿箭头方向运针，将钩织线从对面绕在钩针上。

2 将钩织线从钩针上的线圈中引出。

3 1针辫子针钩织完成。按照同样方法绕线后引出，根据需要钩织一定数量的辫子针。

短针

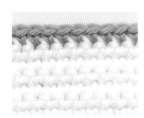

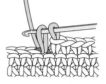
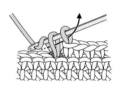

1 沿箭头方向在上一行辫子针针脚前端的 2 根钩织线处入针。

2 绕线后引出 1 针辫子针高度的针脚。

3 再次在钩针上绕线，从先前的 2 个线圈中同时引拔。

中长针

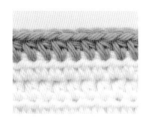
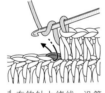
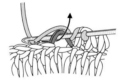

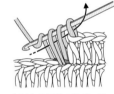

1 在钩针上绕线，沿箭头方向在上一行辫子针针脚前端的 2 根钩织线处入针。

2 将钩织线从对面绕在钩针上，沿箭头方向引出。

3 引出 2 针辫子针高度的针脚。此时钩针上有 3 个线圈。

4 再次在钩针上绕线，从先前的 3 个线圈中同时引拔。

长针

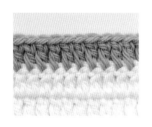

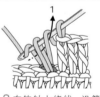
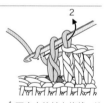

1 在钩针上绕线，沿箭头方向在上一行辫子针针脚前端的 2 根钩织线处入针。

2 在钩针上绕线，引出 2 针辫子针高度的针脚。

3 在钩针上绕线，沿箭头方向从 2 个线圈中引出（未完成的长针）。

4 再次在钩针上绕线，从先前的 2 个线圈中同时引拔。

引拔针

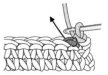

1 沿箭头方向从上一行辫子针针脚前端的 2 根钩织线处入针。

2 在钩针上绕线，沿箭头方向引拔。

3 第 2 针按照同样的方式，从上一行辫子针针脚前端的 2 根钩织线处入针并同时引拔。

掌握钩织符号的法则

钩织符号分别代表不同的含义。它是根据各种针法的特征来进行标示的,因此掌握这些法则有利于进一步理解符号图。在这里我们将介绍一些常见的钩织符号,以便于大家参考。

● 钩织符号与钩织方法之间的关系(以长针为例)

长针

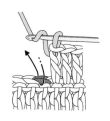

长长针

三个卷曲长针

钩织符号常与钩织动作息息相关。例如,长针、长长针以及三个卷曲针这三个符号中,穿过纵线(入针针脚处)的斜线数有所不同。这三种针法均需在钩针上绕线后再进行钩织,符号上所示的斜线数即为绕线次数。

● "加针"与"减针"

加针

加针符号为扇形,若干符号在底部并为一体。上图为"一针分两针长针"的符号,表示在上一行的1针针脚处钩2针长针来进行加针操作。

减针

减针符号为倒扇形,若干符号在顶部并为一体。上图为"两针长针并一针"的符号,表示将2针未完成的长针最后同时引拔来进行减针操作。

短针的加针与减针

加针与减针针法虽然不同,但这两个符号的基本思路是相同的。一针分两针短针和短针两针并一针的符号图如上所示。

● "钩成一针"与"钩成束状"

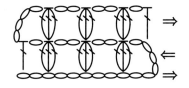

钩成一针

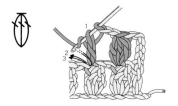

表示挑起上一行辫子针针脚前端的2根钩织线进行钩织,还称为"分割针脚"。当进行"一针分钩针"时,符号底部闭合。

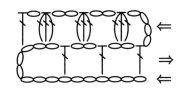

钩成束状

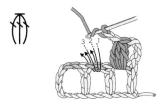

表示从上一行辫子针的针脚下方入针,挑起针脚整体将其束成一束并进行钩织,还称为"挑起成束状"。如图所示,当进行"一针分钩针"时,符号底部为分开状。

> **小提示**
>
> 短针符号
> + 与 × 的区别
>
> 日本工业规格标准 JIS 规定,短针符号用"×"表示,但本书均用"+"表示。这是考虑其具有较容易表现的优点。

Step4 一起动手实践吧!

选好合适的钩织线和钩针，掌握了符号图的解读方法，一切准备就绪。接下来是动手实践，一起来挑战一下钩针编织吧！
这里将先后介绍一下钩织的顺序、基本用语和常用的钩织技巧。

1 如何持针和线？

持针、持线都有正确的姿势。虽然也可按照自己的方式持针持线，但如果掌握正确的方法不但不会疲劳，还能
织出美观的作品。

●正确的持针方法

右手

钩织时的手势

用右手大拇指与食指轻轻握住针轴，并将中指自然地置
于一侧。

右手持针，左手绕线。

●引线方法

从线卷中心找出线头，抽出钩织线。

圆形线卷也是从线卷中心抽出线头。

花边线从线卷最外侧的线头开始使用。

●绕线方法

1 从手背处将钩织线夹在
小指与无名指之间，从手
心一侧抽出。

绷紧

2 立起食指将钩织线
绷紧。

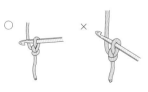

Point

注意钩针的方向

○　　　×

平时要注意将钩针针尖保持朝下
的方向。如果针尖朝上，则无法
顺利地进行引拔。

2 何谓起针？

钩织开始时打底的针脚就是"起针"。起针不计入行数。
基本的起针方法有辫子针起针（P13）和环形编织起针（P18-22）。

●辫子针起针

辫子针是钩针编织最基础的针法，因此十分重要。根据需要钩织一定针数的辫子针，用于打底。

最初一针的钩织方法 指辫子针开始钩织时的方法。这一针不计入起针针数。

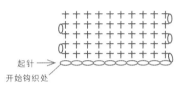

起针 →
开始钩织处

※P13 ~ 17 均根据此符号图来介绍
钩织方法。

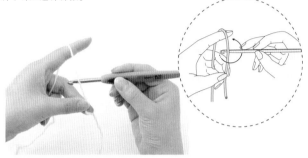

1 将钩针置于钩织线外侧，转一圈钩针。

2 钩织线卷到钩针上后，用大拇指和中指摁住
线圈交点，沿箭头方向运针，将钩织线绕在钩
针上。

3 将线引出。

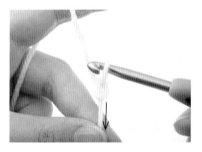

4 拉紧线头。

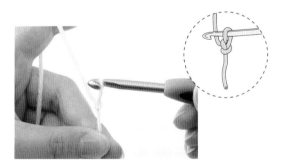

5 最初一针钩织完成。这一针不计入起针针数。

Point

起针时使用稍粗一些的针

用辫子针起针然后挑起上一行针脚钩织第1行后，辫
子针被挑出的针脚拉紧，织片有可能变窄。为避免这
样的现象发生，通常可以使用稍粗一些的钩针松松地
钩一道辫子针。请参考下表选择粗细合适的钩针。

花样种类	起针用的钩针号数 （与织片使用的钩针的号数差）
短针、长针	粗 2 号
方眼编织	粗 1~2 号
网眼编织	相同号数或粗 1 号
普通的镂空编织	粗 1~2 号

●辫子针

从辫子针的第 1 针开始　从这里开始钩织的辫子针计入起针针数。这是钩织的基本针脚。

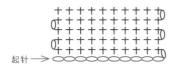

起针 →

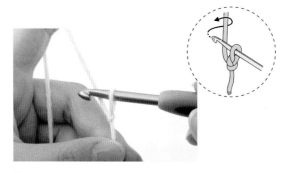

1 沿箭头方向运针并绕线。

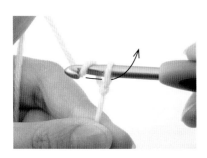

2 将钩织线从绕在钩针上的线圈中引出。第一针辫子针完成。

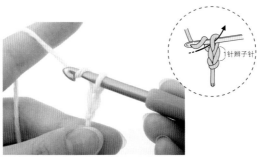

1 针辫子针

3 重复步骤 2,绕线并从线圈中将线引出。

锁 4 针

4 图为 4 针辫子针钩织完成后。

5 根据需要钩织适当的针数。

小提示

起针针数很多时怎么办?

起针针数很多时,可以每钩 3 ~ 4 针就移动一下左手上的线再进行钩织。这样一方面便于钩织,另一方面也可以避免针脚不平整。

3 何谓立针？

在每一钩织行开始时需要钩一定数量的辫子针作为立针，而不是直接钩织相应高度（长度）的针脚。根据针脚高度不同，所需钩织的辫子针针数也会相应地产生变化。

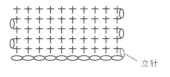

图为1针辫子针立针钩织完成后。用短针钩织时，在起针处钩1针辫子针作为立针。

如果钩织立针…

织片边缘非常整齐美观。

如果不钩织立针…

如果不钩立针直接开始钩织下一行的针脚，织片边缘会比较松垮。

针脚高度与立针的关系

立针是否计入针数，需要根据针脚的种类来确定。中长针以上高度的针脚，立针计入针数，但短针的立针不计入针数。另外，当立针计入针数时，立针需要基底。当立针不计入针数时，则不需要基底。除短针以外，按针脚所需高度钩织立针后，实际上每行钩织的针数少了1针。但由于立针也计为1针，因此每行的总针数是不变的。

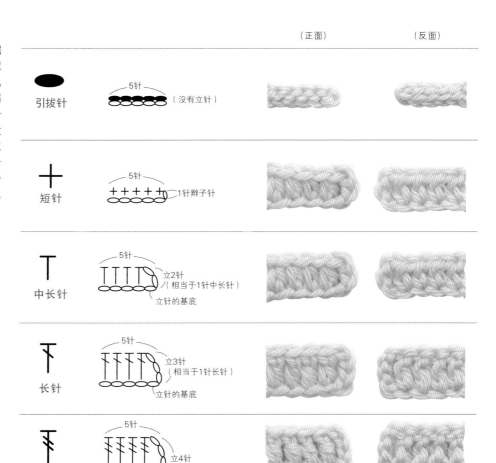

4 挑针方法

从辫子针的针脚处挑针，有以下 3 种操作方法。
这 3 种方法各有特点，可以在比较其成品的美观度和钩织难易度后，选择最适合作品的挑针方法。

从这针短针开始，挑起作为起针的辫子针的针脚

●辫子针的正面和反面

辫子 (圆圈) 状的针脚相连接的一面为正面。针脚中央排列着颗粒状小山 (内山) 的一面为反面。

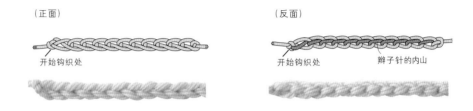

(正面)　开始钩织处

(反面)　开始钩织处　辫子针的内山

●辫子针的各种挑针方法

从正面看到的一根一根辫子状的针脚，分别叫做"半针"。挑针方法中，挑半针和挑内山这两种方法是重点。

挑内山

这是比较普遍的挑针方法。挑内山后，正面的辫子针形状不会松垮，织片边缘排列非常整齐。比较适合能够直接看到织片边缘的作品。

起针用精粗一些的钩针钩织　立1针　※换成钩织片的钩针

挑内山

挑半针

挑出辫子针的上半针 (1 根线) 进行钩织。此方法清晰明了不易出错，因此较适合初学者，但缺点是起针针脚容易被拉伸。

立1针

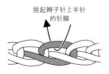

挑起辫子针上半针的针脚

连同内山挑半针

同时挑起辫子针的上半针和内山 2 根线进行钩织。此方法针脚稳固，不易移位。适合镂空花样钩织等。

立1针

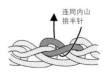

连同内山挑半针

5 开始钩织第 1 行吧

这里将介绍一下从辫子针起针开始钩织的方法（P17）和从环形编织起针开始钩织的方法（P18～22）。
如果挑错针脚，织片有可能松弛或针数减少，所以在钩织时一定要仔细确认。

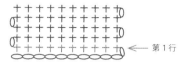

← 第 1 行

从辫子针起针开始钩织 – 挑内山时 –

第 1 行用短针钩织。由于针脚排列比较紧密，所以用粗 2 号左右的钩针起针可以织片更加美观。

第 1 行

1 用比钩织织片的钩针粗 2 号左右的针起针。
换成钩织织片时所需的钩针，立 1 针。

立针的针脚

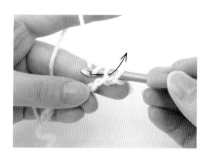

2 在起针的内山处入针，绕线后引出。

3 图为引线完成后的状态。

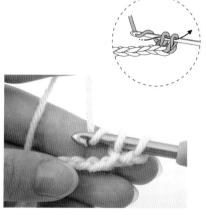

4 再次在钩针上绕线，在 2 根钩织线处同时引拔。

5 图为 1 针短针钩织完成后。

6 按照以上方法，边挑辫子针的内山边继续进行钩织。第 1 行钩织完成。

●从环编起针开始钩织~用钩织线为环编起针时~

这种方法需用钩织线为环编起针,然后从中心部分向外扩展进行钩织。此方法比较常见,织片中心部分可以收紧。

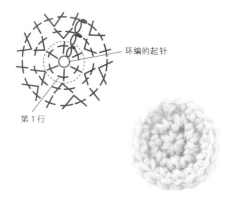

环编的起针

第1行

在手指上绕线开始钩织

1 将钩织线在左手食指上绕2圈。

2 图为圆心圈完成后。

3 左手大拇指和中指按住线圈,将连着线卷一端的钩织线绕在左手上。从圆心圈中穿入钩针,绕线后引出。

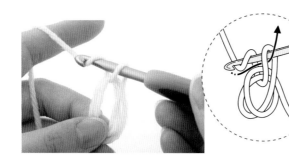

4 再次绕线引出。

5 最初的一针钩织完成(此针不计入针数)。

第1行

1 在钩针上绕线后引出，钩1针辫子针（1针辫子针立针）。

1针辫子针立针

2 从圆心圈中穿入钩针，将线引出。

3 再次绕线，从先前的2个线圈中同时引拔（1针短针）。

4 按照同样方法根据需要钩织一定数量的短针（图中为6针），将中间的圆心圈收紧。

Point

稍拉一下线端，将勾成圆心圈的2根钩织线中能活动的那根用手拉动，收紧离线端较远的线圈。

拉完线端后，接下来收紧离线端较近的圆心圈。用力拉动线端，将中心拉紧。

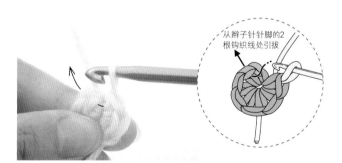

从辫子针针脚的2根钩织线处引拔

5 在第1行的钩织结束处，挑起该行第1针短针针脚前端的2根钩织线并从中入针。

6 在钩针上绕线后钩引拔针。第1行钩织结束。

●从环编起针开始钩织~用辫子针为环编起针时~

从用辫子针为环编起针的步骤开始钩织。环编不仅可以由中心开始向四周扩展进行钩织,有时还可以钩成筒状。

从小圆环开始钩织

起针处的小圆环事后无法再收紧,因此作品完成后中心位置会有一个圆形的小洞。

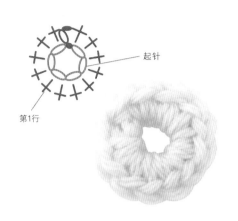

起针

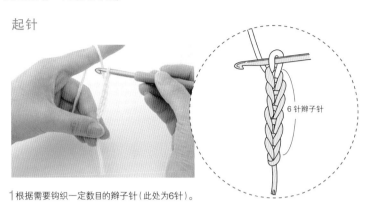

1根据需要钩织一定数目的辫子针(此处为6针)。

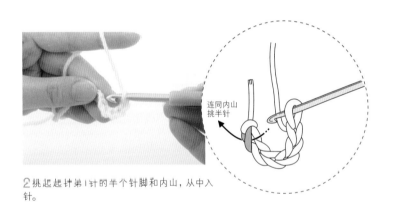

2挑起起针第1针的半个针脚和内山,从中入针。

3绕线引拔(将辫子针连结成环状)。

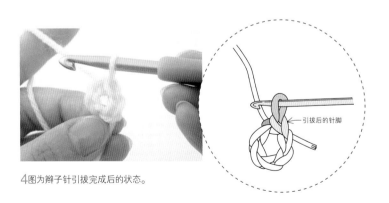

4图为辫子针引拔完成后的状态。

第1行

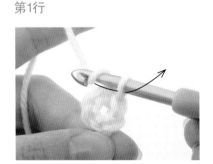

5在钩针上绕线后引出(立1针)。

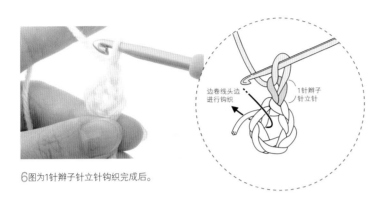

6 图为1针辫子针立针钩织完成后。

边卷线头边进行钩织

1针辫子针立针

7 从圆环中入针,引出钩织线。

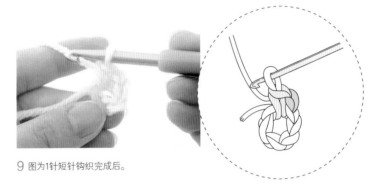

8 再次绕线,从先前的2个线圈中同时引拔(边卷线头边进行钩织)。

9 图为1针短针钩织完成后。

10 按照同样的方法钩12针短针。

11 在第1行的钩织结束处,挑起该行第1针短针针脚前端的2根钩织线并从中入针,绕线后引拔。

12 第1行钩织结束。

从大圆环开始钩织

这种起针方式多用于帽子等筒状作品的钩织。注意不要使辫子针钩织的圆环扭曲。

起针

1 根据需要钩织一定数目的辫子针。

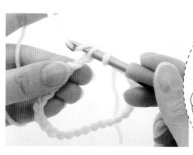

2 在辫子针第1针的内山处入针，绕线后引拔，将辫子针连结成环状。

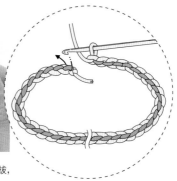

第1行

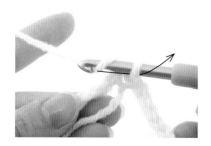

3 绕线后引出。

4 图为1针辫子针立针钩织完成后。

5 同步骤2，挑内山后钩1针短针。

6 按照同样的方法，挑起起针的内山后钩织短针。

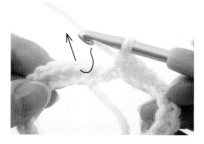

7 在第1行的钩织结束处，挑起该行第1针短针针脚前端的2根钩织线后引拔。

8 第1行钩织结束。

第 1 行钩织完成后进入下一个阶段……

钩织完第 1 行以后，我们一起来织第 2 行吧！
从第 2 行开始，挑针的位置很容易出错，请大家注意。

●进行来回钩织时

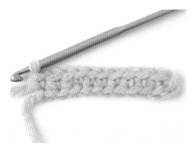 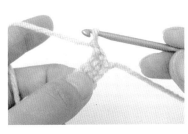 

1 钩完第 1 行后，立 1 针。

2 织片呈逆时针方向翻面，改换左手持织片。

3 钩织短针。注意第 2 行钩织结束时不要忘记立针。

●进行环编时

  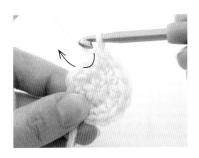

1 第 1 行钩织结束。

2 钩织 1 针辫子针作为立针。

3 钩织第2行的短针时，在上一行短针针脚前端的两根钩织线处入针（图为一次钩两针时的情况），最后钩织引拔针。

Point

注意短针和其他针法在开始钩织处和钩织行结束处的挑针方法！

从第 2 行开始，短针与其他针法在每一行开始钩织处和钩织行结束处的挑针位置是不同的。

短针

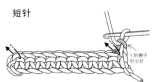

开始钩针处…在立针针脚处入针。

钩织行结束处…挑起上一行短针针脚前端的 2 根钩织线。

其他针法

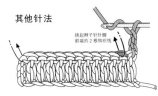

开始钩针处…在立针的下一针针脚处入针。

钩织行结束处…从上一行立针针脚（如果是长针则为第 3 针辫子针）前端入针，挑起 2 根钩织线（辫子针的内山及外侧的半个针脚）。

23

Step5 整理方法

钩织结束后，离终点还差一步！将完成的各织片进行拼接并处理好线头。
按照正确的顺序整理一下作品吧！最后，再用蒸汽式熨斗进行熨烫整理，整个作品即完成。

●钩织结束时线头的固定方法

钩织结束时，将线头剪到一定长度后进行引拔。
如果只是将线头穿入织片反面则留出约15cm的线头，如果需要进行织片的拼接与钉缝，则留出大概相当于拼接长度2.5~3倍长度的线头。

1 在钩织行结束处绕线引拔。

2 用钩针拉大引拔后的线圈。

3 用剪刀穿过线圈，剪下线头。

●线头的各种处理方法

将线头穿入缝合针针孔内，然后埋入织片的针脚处进行处理。
处理线头时，将线头埋入颜色相同的织片内可使作品更加美观。

钩织结束处线头的处理

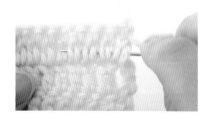

作品正反面分明的情况下，在织片反面的针脚内穿入3~4cm左右的线头，然后剪断。

作品无明显正反面的情况下，将线头穿入织片边缘的针脚内可使作品更加美观。

开始钩织处线头的处理

与钩织结束处相同，作品正反面分明的情况下，线头穿入反面的针脚内。

与钩织结束处相同，作品无明显正反面的情况下，将线头穿入织片边缘的针脚内并剪下线头。

●织片的钉缝与拼接方法

连结两块织片的方法大致有两种，一种是连结行与行的"钉缝"，另一种是连结针脚的"拼接"。
无论是钉缝还是拼接，都需要等距离地挑针，并保持织片的平整。

引拔针拼接

引拔处的针脚相互重叠，因此拼接处的织片稍厚，但拼接处结实稳固。

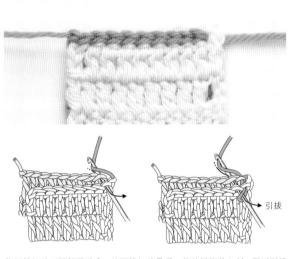

将两块织片正面朝里重合，从两块织片最后一行的针脚处入针，同时引拔前端的两根钩织线。注意引拔针针脚的大小应与织片针脚大小相同。拼接结束时与"钩织结束处线头的固定方法（P24）"采用相同的方法固定线头。

卷缝拼接（拼接整个针脚时）

这是一种比较简单的拼接方法。经常用于主题图案拼接。

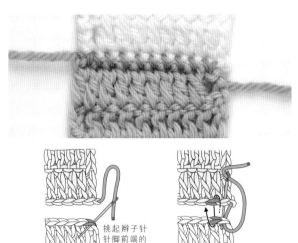

挑起辫子针针脚前端的2根钩织线

将两块织片正面朝上摆放，分别从织片最后一行的针脚处入针，挑起针脚前端的两根钩织线。如图所示，将缝合针由对面插入，一针一针进行拼接。在拼接结束处的同一个位置反复穿针1～2次。

引拔针钉缝

两端各有半个针脚隐藏在织片中，因此钉缝痕迹并不明显。

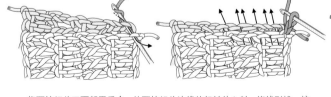

将两块织片正面朝里重合，从两块织片边缘的起针处入针，绕线引拔。接下来，分割两块织片边缘的针脚并从中入针，根据针脚高度，引拔相应的针数。如此反复进行钉缝。钉缝结束时与"钩织结束处线头的固定方法(P24)"采用相同的方法固定线头。

卷缝钉缝

这种方法比较简单，但钉缝痕迹较为明显。

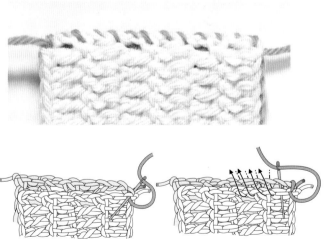

将两块织片正面朝里重合，从辫子针起针处穿入（由对面穿入）缝合针。分割织片边缘的针脚进行钉缝，如果是长针则每一行钉缝2～3次。在钉缝结束处的同一个位置反复穿针1～2次。

●熨烫方法

将卷边、歪斜的织片用蒸汽式熨斗进行熨烫整理,能达到出乎意料的效果。
但是,不能用熨斗直接接触织片,否则会破坏针脚。

1 主题图案钩织完成。但是织片边缘卷曲并且
歪斜。

2 编将织片翻至反面,按照成品尺寸用珠针固定并整理好形状。可以边测量成品尺寸边插珠针,还可以按照原物尺寸图插针。

3 先固定好对角线上四个角的珠针,然后再固定
每条边的中间部分。

Point

固定珠针时,将其倾斜45度左右比
较便于熨烫。

4 将熨斗置于织片上方,朝织片均匀喷出足量蒸
汽,注意不要使熨斗直接接触织片。

Point

将熨斗置于织片上方2~3cm处为宜。

5 待熨斗完全散热、织片成形后取下珠针。

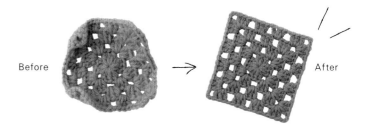

Before → After

钩针编织 需要掌握的技巧

想要解决一些小问题或是将自己的想法变成现实，只要掌握相应的技巧就能使钩织过程变得更加有趣。
让我们来学习一些方便实用的技巧，让钩织变得更加得心应手吧！

钩织过程中钩织线不够了…

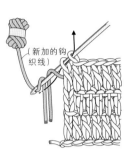
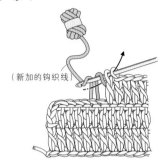

更换钩织线时，最好从织片的边缘开始更换。从织片正面加线时，将原钩织线由里向外绕在钩针上，用新加的钩织线绕线引拔。从织片反面加线时，将原钩织线由外向里绕在钩针上，用新加的钩织线绕线引拔。在织片边缘换线时，将线头埋入上下针的针脚内进行处理会使整体更加美观。

在织片边缘更换钩织钱颜色时

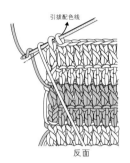

引拔配色线

反面

在织片边缘更换钩织钱颜色时

钩织织片边缘最后一针引拔时，用配色线替代原钩织线进行钩织。此时，与左边"钩织过程中钩织线不够了"采用同样方法换线。按此方法钩织，织片就会达到上图效果，原钩织线被钩到织片背面，从织片正面看上去非常美观。

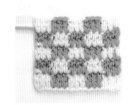
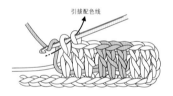

引拔配色线

在织片中间更换钩织钱颜色时

换色前钩织最后一针引拔针时，用配色线替代原钩织线进行钩织。如果换色频率较快，可以按照图中所示方法，一边在针脚里面钩入暂不使用的钩织线一边进行钩织。

钩织过程中线结出来了…

将线结部分剪掉，线结前最后1针完成引拔后，将线结后的钩织线绕在钩针上继续进行钩织。这种情况往往出现在钩织中途，这时可将线头埋入左右两边的针脚内进行整理。

 小提示

经常容易出现的错误

本想钩四方形的织片，可是却忘了在每行的钩织结束处挑针。于是越钩针数越少，织片越变越窄。钩织时要时常确认一下针数哦。

起针歪了！这是由于相对于织片，起针起得太紧了。挑起整个起针的针脚进行钩织时，钩织线被拉紧，这样起针的宽度（或长度）就会变短。为避免失败，在起针时可以使用粗一些的钩针松松地进行钩织。（参见 P13）

进阶篇
边钩织边学习基本针法

要想掌握钩针编织，最好边实践边学习。
通过实际动手来掌握常用的针法和步骤。

花朵主题图案的饰品

在钩织花朵主题图案的过程中能够掌握钩织必不可少的四种针法。只要饰品上带一朵花朵图案就会十分抢眼。用双股线可以钩出尺寸稍大一些的花朵。

设计 & 钩织：浦　静华

Level 1
花朵主题图案

由于尺寸较小，所以在短时间内即可完成。
花朵主题图案经常用于饰品制作。

使用的针法

 环编的起针…P18　 辫子针…P10　 短针…P10　 长针…P10　 引拔针…P10

How to make
花朵主题图案

※ 这是基本的花朵主题图案钩织方法。P28 中戒指、包饰、发夹的做法参见 P85。

用料与工具
Hamanaka Pom Beans 橙色(8)
少量 5/0号钩针

成品尺寸
花朵主题图案的直径3.5cm

钩织要点
●从环编起针开始钩织。
●参考钩织图钩2行。

花朵主题图案
（通用）

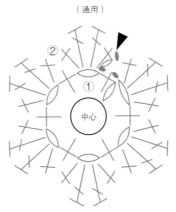

► = 剪线

1 用手指为环编起针

● 环编起针（用钩织线起针时）

1指手指绕线做圆心圈。
参考…环编的起针（用钩织线起针时）P18

2 从圆心圈中穿入钩针，绕线后引出。

3 图为引线完成后的状态。

How to make

●立针（辫子针）

4 再次在钩针上绕线然后引出。

5 最后一针钩织完成（此针不计入针数）。

6 针在钩针上绕线然后引出。
参考…辫子针 P10

7 1针辫子针立针钩织完成。
参考…立针 P15

●短针

8 从线圈中穿入钩针，绕线后引出。
参考…短针　P10

9 再次在钩针上绕线，沿箭头方向引拔。

10 1针短针钩织完成。

11 接下来，钩1针辫子针再钩1针短针，如此反复交错钩织5次，最后钩1针辫子针。钩织完成后，先把针放下，将两层的圆心圈拉紧。
参考…P19 point

●引拔针

12 然后拉动线头，收紧圆心圈。

13 把针放回原位，从第1针短针针脚前端入针。
参考…引拔针 P10

14 在钩针上绕线，沿箭头方向引拔。

15 图为引拔针钩织完成后。第1行钩织结束。

3 钩织第 2 行

16 在上一行第 1 针辫子针的针脚处入针，挑起针脚整体将其束成一束，钩织引拔针来移动位置。然后立 1 针辫子针。

17 用与 16 同样的方法将上一行辫子针挑起成束状入针，绕线后引出。
参考…钩成束状 P11

18 钩 1 针短针。

● 长针

19 在钩针上绕 1 圈线。
参考…长针　P10

20 用与 17 同样的方法将上一行辫子针针脚挑起成束状入针，绕线后引出。

21 在钩针上绕线，从先前的 2 个线圈中引出。

22 绕线，从剩下的线圈中同时引拔。

23 1 针长针钩织完成。

24 接下来，在与 17 同样的位置上，钩 1 针长针再钩 1 针短针。1 枚花瓣钩织完成。

25 按照同样的方法，将上一行辫子针针脚挑起成束状，按 "1 针短针，2 针长针，1 针短针" 的顺序反复钩织。

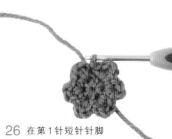

26 在第 1 针短针针脚前端钩织引拔针。第 2 行钩织结束。

How to make

4 处理线头

27 在钩针上绕线，沿箭头方向引拔。

28 拉大线圈。

29 剪断线圈，留出约 15cm 左右的线头。

30 拉紧线头。

31 将钩织结束处留下的线头穿入缝合针针孔内。

32 用缝合针将线头埋入主题图案的反面。

33 剪掉多余的线头。将钩织开始时的线头穿入第 1 行的反面，剪掉多余的部分。

完 成

边缘处针脚呈辫子状排列的一面为主题图案的正面。
织片发生卷曲时，用蒸汽式熨斗轻轻熨烫，整理好形状。

正面

反面

饰品大变身！

只需将主题图案固定在金属配件上。用工艺用品黏合剂（干后呈透明状）轻松一粘即可完成，非常简单。

How to make…p.86

如需穿入串珠
只需用缝纫线缝上串珠就 OK 了。将线头在反面打结，藏匿于织片中。

Arrange

变化钩织线种类和钩织针数与行数打造不同风格的作品!

只要学会 1 朵花朵图案的钩织方法，就可将其应用在各种各样的饰品中了。

使用马海毛毛线

项链

将蓬松柔软的马海毛花朵图案缝到项链上。
重点是通过改变主题图案的数量对饰品加以变化。
水貂毛是亮点。

How to make…p.86

使用棉线

鞋 卡

同时使用 3 朵花朵图案，增加饱满感。
使用钩织起始处的线头将各个主题图案缝合到一起。
将白色作为点睛色，创造出清爽的花束效果。

How to make…p.86

将金属鞋卡用黏合剂固定在背面。

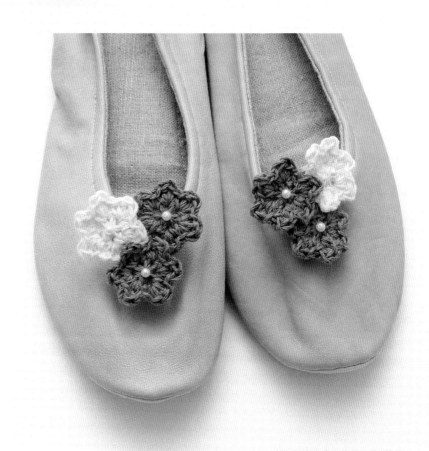

2 个作品的设计 & 钩织：浦 静华

Level 2
围 巾

只需直线钩织即可完成，非常简单。
这是向初学者推荐的常规钩织物。

用长针钩织的条纹围巾
这款围巾需要反复钩织长针。
两侧的条纹花样和流苏穗是重点。
钩织过程中，要注意使针脚的疏密保持一致，
围巾会宽窄不一。

设计 & 钩织 : 草本美树

使用的针法

⬭ 辫子针⋯P10　　𝖳 长针⋯P10

How to make
用长针钩织的条纹围巾

用料与工具
HAMANAKA Organic Field 蓝色(5) 130g
浅驼色(2) 10g 5/0号钩针

成品尺寸
长126cm(含流苏穗)×宽24cm

钩织密度
10cm见方17.5针长针×12行

钩织要点
●围巾主体钩42针辫子针作为起针,参考下图,边在中途换色边用长针钩133行。
●准备好84根长度为24cm的蓝色流苏穗子,在主体钩织开始处和钩织结束处各挂上42根穗子。最后将流苏穗剪到8cm长整理好。

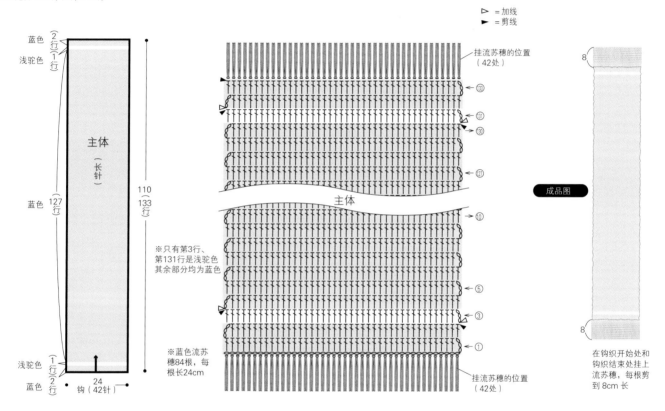

▷ =加线
► =剪线

挂流苏穗的位置(42处)

主体(长针)

蓝色 127行
110(133行)

※只有第3行、第131行是浅驼色其余部分均为蓝色

※蓝色流苏穗84根,每根长24cm

挂流苏穗的位置(42处)

24钩(42针)

成品图

8

在钩织开始处和钩织结束处挂上流苏穗,每根剪到8cm长

8

---

1 用蓝色线钩织辫子针作为起针

1 将钩针置于蓝色线对面一侧,沿箭头方向转一圈后绕线。

参考…最初一针的钩织方法 P13

2 沿箭头方向运针,绕线。

3 引出钩织线。

4 拉紧线头,收紧针脚。5 最后1针钩织完成(此针不计入针数)。

How to make

●辫子针

  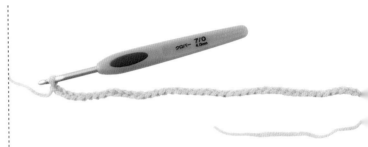

5 将钩织线绕在钩针上并引拔。
参考…辫子针 P10

6 1针辫子针钩织完成。

7 如此重复以上过程,钩 42 针辫子针。起针钩织结束。

2 钩织第 1 行

●长针

3针辫子针
立针的基底

8 钩 3 针辫十针作为立针,在钩针上绕线,在起针第 2 针内山(从钩针下面开始数,第 5 针内山)处入针。
参考…立针 P15
　　…辫子针的内山 P16
　　…长针 P10

9 在钩针上绕线后引出。

10 在钩针上绕线,从两个线圈处引拔。

11 在钩针上绕线,从剩下的线圈处同时引拔。

3 钩织第 2 行

●更换钩织线的颜色

12 1针长针钩织完成。

13 按照同样的方法钩织长针到最后。第 1 行钩织结束。

14 第 2 行钩 3 针辫子针作为立针,按钩织图钩长针,在最后 1 针长针的针脚处更换钩织线颜色。首先,将钩织线绕在钩针上,沿箭头方向入针。
参考…辫子针的挑针方法 P23
　　…钩织线的换色方法 P27

15 引出钩织线,钩织未完成的长针后,将蓝色钩织线(主色线)从对面一侧绕在钩针上。
参考…未完成的长针 P10

36

4 第3行用浅驼色钩织线进行钩织

16 将浅驼色钩织线（第3行的配色线）绕在钩针上，沿箭头方向引拔。

17 此时钩织线颜色更换为浅驼色。第2行钩织结束。留约15cm长的蓝色线头并剪掉剩余部分。

18 钩3针辫子针作为立针。

19 将织片翻面，按钩织图钩长针。

5 第4行用蓝色钩织线进行钩织

20 在最后一针长针针脚处更换钩织线颜色。首先，在钩针上绕线，挑起辫子针的针脚。

21 钩织未完成的长针，将浅驼色钩织线从正面绕在钩针上。将新加的蓝色钩织线绕在钩针上，沿箭头方向引拔。

22 此时钩织线颜色更换为蓝色。第3行钩织结束。留约15cm长的浅驼色线头并剪掉剩余部分。

23 钩3针辫子针作为立针。

6 钩织长针

24 将织片翻面，按钩织图钩长针。

25 钩织长针到最后。第4行钩织结束。

26 用蓝色线钩到130行，第131行再次换为浅驼色线，钩织1行后132～133行继续用蓝色线钩织。第133行钩织结束。

How to make

7 处理线头

将蓝色线线头埋入浅驼色钩织线的针脚内。

27 再次在钩针上绕线后引拔，使钩织线保持抽出状态。
参考···线头的处理 P24

28 留出约 15cm 长的线头进行引拔，拉动线头，收紧针脚。

29 在缝合针针孔内穿入线头，织片翻面，将线头穿入相同颜色的针脚内。

30 穿入 2～3cm 后，剪断线头。

8 挂流苏穗

31 剪 84 根长 24cm 的蓝色钩织线用作流苏穗。

32 将线段对折。

33 在挂流苏穗的位置上从织物正面入针，将步骤 32 的线段绕在钩针上并引出。

34 在引出的线圈内穿入线头。

完成

流苏穗完成。
另一端按同样的方式挂流苏穗。

35 拉紧线头。1 根流苏穗挂好。

36 按照同样的方法将 42 根流苏穗挂在织片边缘的 42 针针脚处。挂好以后，剪齐流苏穗整理好长度。

像围巾这样在平面上进行来回钩织的织片，比较容易忘记挑辫子针，因此要时常数一下针数进行确认。

Arrange

尝试钩织方眼编织的围巾吧!

用辫子针与长针组合而成的方眼编织花样来取代条纹花样，为围巾制造亮点。

所谓方眼编织是指
横线与纵线垂直交叉，钩出
的花纹像方格一样的编织方
法。它通过组合辫子针与长
针钩出方格花样。在平面作
品中经常可以看到。

钩成束状是指
不是分割上一行辫子针的针
脚，而是挑起辫子针完整的
一个针脚将其束成一束的钩
织方法。

~埃菲尔铁塔图案的围巾~

织片整体采用方眼编织的镂空花样给人以轻便感。
两端钩织成艾菲尔铁塔的花样。
如用棉线钩织，还可以用作披肩。

设计 & 钩织：草本美树
How to make…p.87

Point Process
~钩成束状~

1 沿箭头方向用钩针挑出上一行辫子针的整个针脚。

2 在钩针上绕线后引出。

3 使用指定的针法包起锁眼（图中为长针）。

Level 3
帽子

由平面到立体。
钩编的魅力还在于，它可以轻易钩出具有一定高度的作品。

边缘线简单的钟形帽

顶部和侧面用短针，帽檐用长针，只需层层钩织即可完成。一边加针一边钩出主体的高度和帽檐的宽度。亮点在帽子棕色的边缘线部分。

设计 & 钩织：稻叶 YUMI

使用的针法

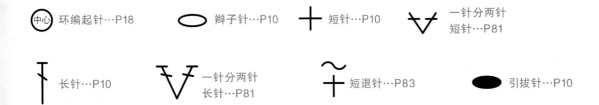

环编起针···P18	辫子针···P10	短针···P10	一针分两针 短针···P81
长针···P10	一针分两针 长针···P81	短退针···P83	引拔针···P10

带边缘线的简单款钟形帽

用料与工具
Olympus make make flavor 粉红色(307)85g 棕色(311)10g 5/0号钩针

成品尺寸
头围54cm×高度25cm

钩织密度
10cm见方短针23.5针×27行

钩织要点
●主体用粉色线为环编起针，参考右图钩短针，顶部边加针边钩21行，侧面无需加减针钩26行。
帽檐部分参考右图，边加针边钩花样钩10行，然后换棕色线钩1行短退针。

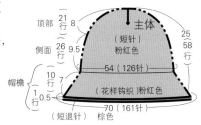

	行数	针数	
帽檐	58行	161针	
	57行	161针	
	56行	161针	(+7针)
	55行	154针	
	54行	154针	(+7针)
	53行	147针	
	52行	147针	(+7针)
	51行	140针	
	50行	140针	(+5针)
	49行	135针	
	48行	135针	(+9针)
侧面	47行 ~ 22行	126针	
顶部	21行	126针	(+6针)
	20行	120针	(+6针)
	19行	114针	(+6针)
	18行	108针	(+6针)
	17行	102针	(+6针)
	16行	96针	(+6针)
	15行	90针	(+6针)
	14行	84针	(+6针)
	13行	78针	(+6针)
	12行	72针	(+6针)
	11行	66针	(+6针)
	10行	60针	(+6针)
	9行	54针	(+6针)
	8行	48针	(+6针)
	7行	42针	(+6针)
	6行	36针	(+6针)
	5行	30针	(+6针)
	4行	24针	(+6针)
	3行	18针	(+6针)
	2行	12针	(+6针)
	1行	6针	

▷ = 加线
► = 剪线

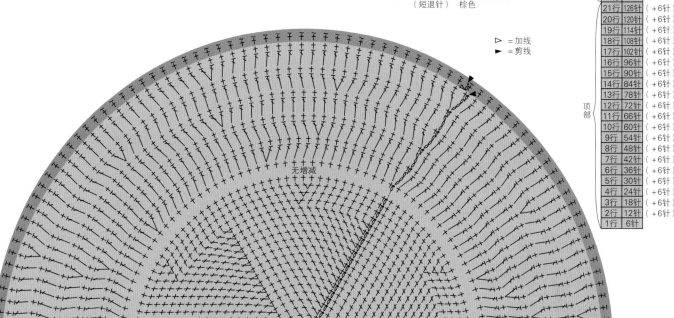

无增减　短针　花样钩织

1 用粉红色钩织线为环编起针

●环编起针(用钩织线勾圈时)

1 手指绕粉色钩织线做圆心圈。
参考…环编的起针(用钩织线起针时)P18

2 从圆心圈中穿入钩针，绕线后引出。

3 再次在钩针上绕线然后引出。

4 最后一针钩织完成(此针不计入针数)。

How to make

2 钩织第1行

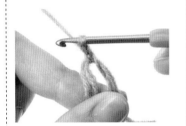

5 钩1针辫子针作为立针。
参考…立针 P15

●短针

6 从线圈中穿入钩针，绕线后引出。
参考参考…短针 P10

7 再次在钩针上绕线，沿箭头方向引拔。

8 1针短针钩织完成。

9 按照同样的方法一共钩6针短针。

10 先把针放在一边，将两个重叠的的圆心圈拉紧。
参考…P19 point

●引拔针

11 针放到原来的位置上，在第1针短针针脚前端入针，绕线后沿箭头方向引拔。

12 图为引拔针钩织完成后。第1行钩织结束。

3 第2行进行加针钩织

13 钩1针辫子针作为立针，在步骤11的引拔针针脚处钩1针短针。

●一针分两针短针

14 在与步骤13相同的针脚处再钩1针短针。
参考…一针分两针短针 P81

15 按照同样的方法，在上一行针脚处全部一针分两针短针进行钩织，最后钩1针引拔针。

4 一边加针 一边钩织到 21 行

16 按照钩织图，在指定位置上按"一针分两针短针"边加针边进行钩织。第21 行钩织结束。

5 到 47 行为止 无需加减针

17 从 22 行到 47 行，无任何加减针，反复钩织短针。第 47 行钩织结束。

6 钩织第 48 行

● 长针

18 钩3 针辫子针作为立针，在钩针上绕线。
参考…立针 P15
…长针 P10

19 与立针相同，在上一行第 1 针针脚处入针，绕线后引拔。

20 在钩针上绕线，从两个线圈处引拔。

21 绕线，从剩下的线圈中同时引拔。

22 1针长针与立针钩到同一个针脚处，加针完成。

● 一针分两针长针

23 继续钩织长针，钩完 13 行以后在上一行针脚处一针分两针长针进行钩织。

一针分两针长针钩织完成。

7 一边加针一边钩织到 56 行

24 按照钩织图，在指定位置上按"一针分两针长针"边加针边进行钩织。第48 行钩织结束。

25 按照钩织图按"一针分两针长针"一边加针，一边将短针行与长针行相互交错进行反复钩织。第57 行钩织结束。

26 将钩织结束处的线头留 15cm 左右并剪掉多余部分，最后从绕在钩针上的线圈处引拔。

27 拉动线头，收紧针脚。

43

How to make

8 第58行用棕色钩织线进行钩织

28 在上一行最后的引拔针针脚处入针，将棕色线绕在钩针上然后引出，沿箭头方向绕线引拔。

29 图为棕色线引拔完成后的状态。

● 短退针

30 钩1针辫子针后，挑起与步骤28相同的针脚，然后入针。
参考…短退针 P83

31 在钩针上绕线后引出。

32 图为引线完成后的状态。接下来，沿箭头方向在钩针上绕线。

33 沿箭头方向，从钩针上的线圈中同时引拔。

34 1针短退针钩织完成。

钩织方向

35 按照同样的方法，挑起右侧上一行短针的针脚，连续钩织短退针。

9 处理线头

36 最后钩1针引拔针。线头留出15cm左右剪掉剩余部分，从绕在钩针上的线圈处引拔。第58行钩织结束。

37 在缝合针孔内穿入线头，埋入织片背面同色线的针脚中。其他的线头也按照同样的方法处理。

完成

隐约可见的竖线所在的位置就是立针的位置。
戴帽子时将其放到后面。
凹凸不平的棱纹是这款帽子帽檐处的特色。这种短退针经常应用于边缘处的钩织。

Arrange

尝试钩织镂空花样的帽子吧!

在侧面钩出扇形镂空花样，增加了整体甜美感。缘编织也变化成褶边状。

所谓镂空花样钩织是指组合若干针法在织片上钩出空隙，从而凸出作品纤细花样的一种钩织方法。想为作品增加甜美感和华贵感时最适合使用这种钩织方法。

~扇形花边的钟形帽~

顶部的钩织方法与简单款钟形帽相同。
帽子侧面长针与辫子针组合钩织镂空花样。
帽子边缘处钩1行与侧面相同的扇形花样，整个作品即完成。

设计 & 钩织：稻叶 YUMI
How to make…p.88、89

挂上装饰花来改变一下整体造型吧!

使用相同颜色的钩织线，
最好把装饰花做得大一些。
单色更容易与服装搭配。

How to make…p.88、89

改变钩织线颜色，
深色系的帽子可以使用亮色系的装饰花来改变
一下整体效果。色彩的搭配非常重要。

How to make…p.88、89

巧用基本技能轻松钩织经典作品

这里收集了很多运用简单的钩织方法就可以做成的小物品。
季节性的小物、可爱的饰品,简单易学,轻松钩织。

item① 围脖

此处收集了众多为颈部增添色彩的人气作品。我们来介绍一下脖套围巾、可用作小外套的长方形披巾以及披肩的做法。

带花朵主题图案的脖套围巾

这款脖套围巾用辫子针和短针组合钩织而成,简
单易学。
将用相同钩织线钩出的花朵主题图案缝在围巾
上,构成亮点。
钩织此款围巾需要1卷毛线 (40g/ 长约110cm)。

设计 & 钩织:wasanbon
How to make…p.90

Point Process ※ 两款脖套围巾使用了 2 种不同的钩织方法。

网眼编织

顾名思义，用这种方法钩出的花样形状很像网眼。它是短针与长针相组合的一种花型。

1 钩 5 针辫子针。

2 按照照片中的方法挑起上一行辫子针的针脚，然后绕线。

3 引出钩织线，钩 1 针短针。网眼编织完成。

贝壳针

用这种针法钩出的花样形状很像贝壳，因此而得此名。将长针与辫子针进行组合钩织成扇形。

1 在上一行针脚前端钩 1 针长针。

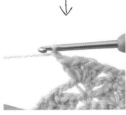

2 在与步骤1相同的针脚处，先后钩2针长针、1针辫子针、2针长针。

3 按照钩织图重复以上步骤反复进行钩织。贝壳针钩织完成。

前面带纽扣的脖套围巾

用扇形贝壳针由领子向下摆方向钩织。在织片左端缝上纽扣，将其扣入右端的长针针脚空隙内，整体围成环形。

网眼长围巾

这是由网眼编织变化而成、具有华美感的菠萝花样。推荐使用纹路清晰的直线型毛线，即便是初学者也可以轻松使用。

设计 & 钩织：ecru
How to make…p.93

网眼假衣领

只有脖子周围的一圈使用白色棉线，领子主体部分用淡蓝色钩织线进行网眼编织。前胸部分用花朵主题图案的胸花进行装饰。

设计 & 钩织：amy*
How to make…p.92

三色堇图案的小披肩

由 11 枚花朵主题图案拼接而成。
使用中粗毛线和极细马海毛线同时钩织（即双
股），营造出松软的感觉。边缘部分使用镂空
花样，增加可爱感。

设计 & 钩织：稻叶 YUMI
How to make···p.94、95

两用长披巾

长方形的主体使用长针钩成镂空花样。
利用边缘部分的褶边和大装饰花改变整体造型。
系上编绳后整体感觉类似假衣领。

设计 & 钩织：mari
How to make…p.96

卷两圈后将编绳打上蝴蝶结，整体感觉类似围巾。这款围巾可以很好地为颈部保暖，因此较适合在寒冷的季节使用。

Color Variations

浅驼色适合与各种服装搭配，是一种百搭色。
如果想变化一下颜色，推荐使用轻快的亮绿色或能够成为服饰亮点的芥末色。

这款长披巾非常简单，只需先起一段较长的针，然后沿着下摆一直钩织即可。
最后在两端缝上编绳。

item2 帽子

只需戴上一顶帽子，既能变身为少女风也能打造休闲风。无檐帽、钟形帽或是贝雷帽，选择一款你中意的帽子吧!

简单款无檐帽

这款圆顶无檐帽使用软绵绵的钩织
线在帽口处钩出较宽幅度。
它的基础是扇形花样钩织。
装饰花可自由拆卸。

设计 & 钩织：Sachiyo * Fukao
How to make…p.97

Color Variations

用含麻线钩织的春夏帽，如果是浅色系的话
会更加清爽。
浅驼色与自然服饰也很相称。
蓝色还可以搭配牛仔。

带装饰花的钟形帽

这款钟形帽由镂空花样钩织成扇形而成。
带花边的装饰花为整体增加了甜美感。
使用有张力的钩织线可塑造出美观的花样。

设计 & 钩织：Sachiyo * Fukao
How to make⋯p.98

海军鸭舌帽

主体用深蓝色麻线钩织，白色条纹和刺绣小花
是这款帽子的亮点。
以辫子针和短针为主要针法，简单易学。

设计 & 钩织 : 藤原直美
How to make…p.99

带纽扣的鸭舌帽

主体部分用极粗线钩织，利用变化的枣形针突
出整体的凹凸感。帽檐部分钩针脚排列紧密的
短针。用木制纽扣装饰侧面。

设计 & 钩织 : Sachiyo * Fukao
How to make…p.100

带花饰的鸭舌帽

主体利用长针与辫子针组合钩织出小花朵的花
样。帽檐部分用短针钩织较短幅度。
在装饰花的中心嵌上一枚木制串珠。

设计 & 钩织：kiki
How to make…p.101

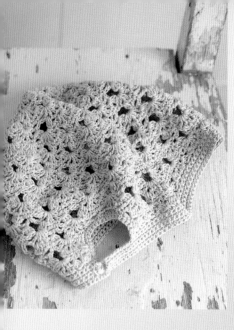

利用帽子背面的纽扣
来稍微调节一下帽口的
大小。

点状镂空贝雷帽

这款帽子头围较宽松，组合长针和枣形针这两
种针法钩织出花瓣感觉的花样和点状镂空。
帽口处用短针收紧。

设计 & 钩织 : ecru*
How to make···p.102

粉红色褶边钟形帽

主体用长针边加针边进行钩织。
帽檐用贝壳针钩出褶边，增加整体饱满感。
将钩成 2 行的花朵主题图案用作装饰花。

设计 & 钩织 : Sachiyo * Fukao
How to make…p.103

暖手暖脚小物

这是寒冷季节必不可少的常规物品。从简单的自然风到带有主题图案的可爱风，种类繁多，花样多变。

暖腿袜

筒状的织片先组合两种花样进行镂空编织，然后在上部钩织白色条纹。
穿暖腿袜时，用穿在镂空处的皮绳系紧。

设计＆钩织：浦 静华

How to make⋯p.104

狗牙边室内鞋

主体部分只用长针即可钩织而成。
边缘部分钩出狗牙边，用辫子针钩鞋绳，
然后将鞋绳缝在鞋口两侧以调节鞋口大小。

设计 & 钩织：中川知美
How to make…p.105

带鞋带的室内鞋

从鞋口到鞋底均使用长针与短针组合的方式钩织，
然后从反面用卷缝将鞋带缝在主体上。
钩织边缘来整理一下形状，最后缝上纽扣。

设计 & 钩织：中川知美
How to make…p.106

带蝴蝶结的暖手手套

这款手套的亮点是用短针钩织的大蝴蝶结。
用引上钩针长针钩出织片的花纹。
它的尺寸较小，长度只有14cm。

设计 & 钩织：amy*
How to make…p.107

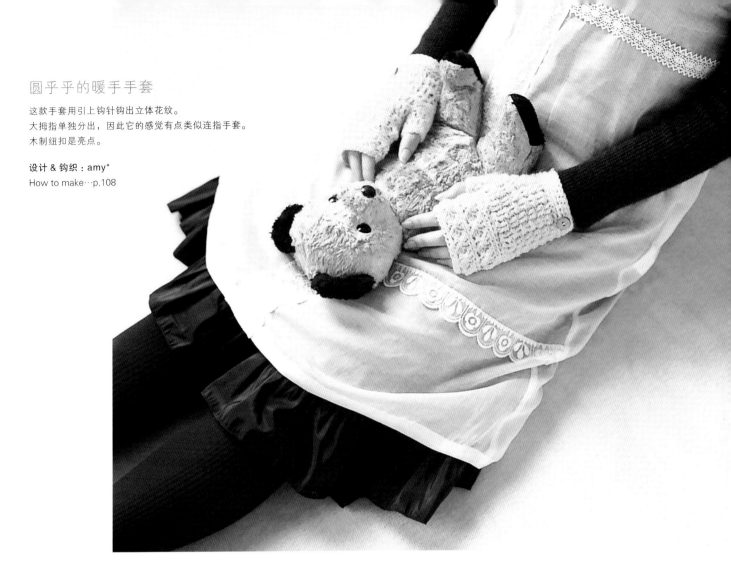

圆乎乎的暖手手套

这款手套用引上钩针钩出立体花纹。
大拇指单独分出，因此它的感觉有点类似连指手套。
木制纽扣是亮点。

设计 & 钩织：amy*
How to make…p.108

带绒球的暖手手套

长针与短针组合钩成筒状，
大拇指的开口处用辫子针钩织。
缝上双色的绒球，手套看上去非常可爱。

设计 & 钩织：amy*
How to make…p.109

item④ 包包

在这里向大家推荐日常经常用到的菜篮包、主题图案包包以及手机套、零钱包等小件物品。

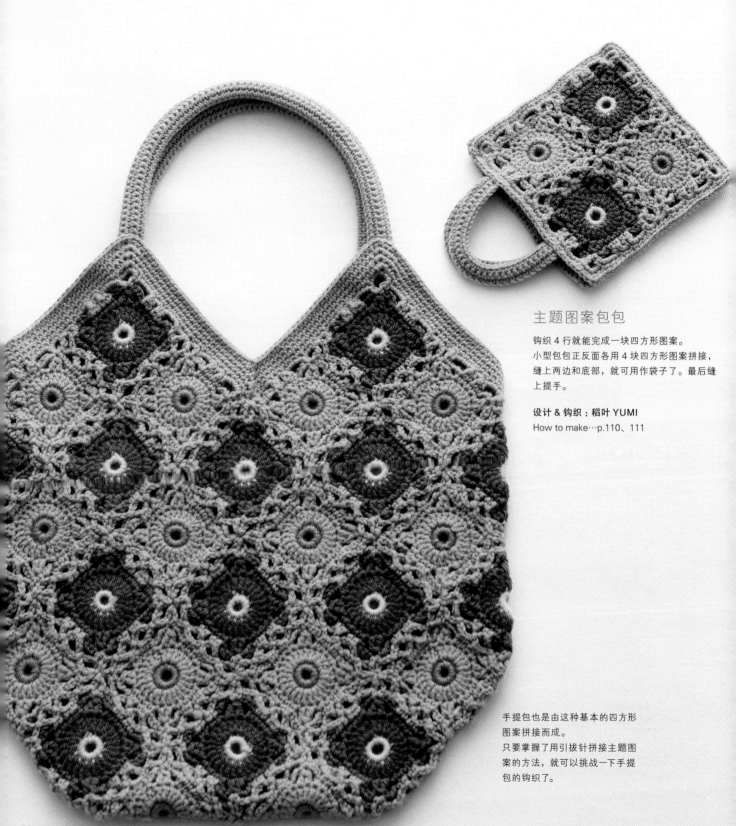

主题图案包包

钩织 4 行就能完成一块四方形图案。
小型包包正反面各用 4 块四方形图案拼接，
缝上两边和底部，就可用作袋子了。最后缝
上提手。

设计 & 钩织：稻叶 YUMI
How to make…p.110、111

手提包也是由这种基本的四方形
图案拼接而成。
只要掌握了用引拔针拼接主题图
案的方法，就可以挑战一下手提
包的钩织了。

62

How to make

主题图案包包 钩织图见 P110、111

先通过钩织迷你包包来掌握一下四方形图案的拼接方法吧!
大一点的包也是用同样的方法拼接而成。

1 钩织第1块图案（主题图案 A）

● 第 1 行

1 用淡鲑肉色的钩织线为环编起针。
参考…环编的起针 P18

2 钩 1 针辫子针作为立针，再钩 1 针短针。
参考…短针 P10

3 钩 12 针短针为环编起针，然后拉紧中间的圆心圈。
参考…圆心圈的拉紧方法 P19

4 图为中间的圆心圈拉紧后的状态。

5 挑起第 1 针短针针脚前端的 2 根钩织线从并中入针。

6 图为引拔针完成后的状态。

7 留 15cm 左右的线头穿入缝合针孔，埋到织片反面进行线头处理。

8 第 1 行钩织结束。

● 第 2 行

9 第 2 行加入玫瑰色钩织线，钩 3 针辫子针作为立针。

10 在与步骤 9 相同的针脚处钩 1 针长针。
参考…长针 P10

11 次将上一行的针脚全部一针分两针长针进行钩织，最后钩 1 针引拔针并处理好线头。第 2 行钩织结束。
参考…一针分两针长针 P81
…引拔针 P10

● 第 3 行

12 第 3 行加入橄榄色钩织线，钩 1 针辫子针作为立针，再钩 4 针短针 4 针辫子针。

13 钩 1 针未完成的长针。
参考…长针两针并一针 P81

14 接下来再钩 1 针未完成的长针，在钩针上绕线沿箭头方向引拔。

15 长针两针并一针钩织完成。

How to make

16 按钩织图钩到最后，然后处理线头。第 3 行钩织结束。

●第 4 行

17 第 4 行换成蓝色钩织线，按照钩织图组合短针和辫子针进行钩织。在前一行的 1 针针脚处钩 1 针短针、3 针辫子针、1 针短针进行边角处的钩织。

18 按照钩织图钩到最后，然后处理线头。第 4 行钩织结束。

2 用引拔针拼接第 2 块（主题图案 B）

●第 1 行

19 第 1 行用深鲑肉色钩织线进行钩织。第 1 行钩织结束。

●第 4 行 拼接方法

20 从第 2 行开始用蓝色钩织线进行钩织。一直钩到第 4 行的拼接处，按照照片在主题图案 A 边角处的辫子针针脚处入针。

21 在钩针上绕线，沿箭头方向引拔。

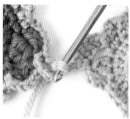

22 图为引拔针完成后的状态。

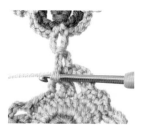

23 然后继续钩织主题图案 B。2 针辫子针、1 针短针钩织完成。

24 按照同样的方法，按钩织图边用引拔针拼接主题图案 B 和主题图案 A 边进行钩织。主题图案拼接完成。

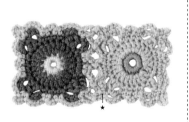

25 按照钩织图钩织第 4 行的剩余部分，然后处理线头。第 2 块（主题图案 B）钩织完成。

3 拼接第 3 块（主题图案 B）

在拼接第 1 块和第 2 块主题图案的引拔针针脚处入针，挑起 2 根钩织线。

26 钩织第 3 块（主题图案 B），一直钩到第 4 行的拼接处。按照照片，在步骤 25 带★号的位置（第 2 块的引拔针）上入针。

27 按照与第 2 块相同的方法，边用引拔针拼接第 1 块和第 3 块主题图案边进行钩织，然后处理好线头。第 3 块（主题图案 B）钩织完成。

4 拼接第 4 块（主题图案 A）

28 按照同样方法，一边在第 4 行进行拼接一边按照钩织图钩到最后。边角钩织与第 3 块相同，挑起第 2 枚引拔针针脚处的 2 根钩织线。第 4 块（主题图案 B）钩织完成。

5 缘编织

●第1行

29 在第2块（主题图案B）的边角处用引拔针加蓝色钩织线。

30 将上一行辫子针的针脚挑成一束，钩1针短针。
参考…钩成束状 P11

31 按照钩织图，在拼接好的主题图案四周钩织短针。

32 四边均先钩短针后钩1针引拔针。缘编织第1行结束。

●第2行

33 第2行缘编织也用短针按照钩织图进行钩织。只在边角处加针，此时在上一行1个针脚处分钩3针短针（四个角均如此）。
参考……一针分三针短针 P81

6 再钩1块包包背面用的织片

34 按照钩织图钩到最后，然后处理线头。缘编织结束。这是迷你包包正面用的织片。

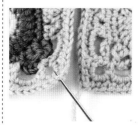

35 与正面的钩织方法相同。钩织结束时先不用进行线头处理，留1cm左右的线头。

7 将正面与背面用半针卷缝拼接

36 将背面留下的线头穿入缝合针孔，挑起正面边角处的半针针脚然后穿入。

37 接下来，在背面与正面前端的针脚处再次入针，半针半针挑起引出钩织线。

38 用同样的方法从下一针开始半针半针地挑线，注意保持主题图案的形状。

8 锁缝提手

39 将正面与背面的三边均用同样方法进行卷缝拼接。半针卷缝拼接完成。

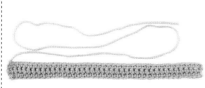

40 用短针钩织提手。留30cm左右的线头。按照同样方法再钩1根提手。

41 用线头将提手锁缝在包包正面和背面的内侧。提手的另一边用新线进行锁缝。

完成

拼接好主题图案以后，用短针钩边可使整体更加美观。

褶边手提包

在用长针钩织的包包主体上再钩 3 行
醒目的褶边。包入竹制圆环用作提手。

设计 & 钩织：miwa
How to make…p.112

拉绳小包

将甜美的粉红色主体用黑色线拉紧。
在底部进行折缝，勾勒出圆形效果。
用带状线钩出的独特立体感体现了这款
小包的新意。

设计 & 钩织：草本美树
How to make…p.113

主题图案复古包

将 26 块主题图案用引拔针拼接成
袋子。包包边缘和提手用短针和长
针组合进行钩织。

设计 & 钩织：中川知美
How to make…p.114

手机套

长针枣形针钩织的花朵花样是其亮点。
在袋口的方眼编织处穿上锻带和花边用
作提手。

设计 & 钩织：山下朋美
How to make…p.115

零钱包

用棉线由底部向上钩织而成。
侧面的花样是长针的交叉钩织。
在带孔的金属卡口上缝上织片进行固定。

设计 & 钩织：山下朋美
How to make…p.116

短针钩织的菜篮包

条纹横款菜篮包的针脚均为短针。
在上部 6 个位置处边折缝边进行钩织，
做成圆底。

设计 & 钩织 : hihahouse
How to make…p.118

单肩包

这款单肩包在短针钩织的包包上组合了皮革质地的料子。提手部分与包包边缘用卷缝钉缝在一起，整体呈筒状。

设计 & 钩织：草本美树

用料与工具
HAMANAKA 中细纯毛毛线 砖色(8)240g、浅驼色(3)10g 直径15mm的纽扣1枚 直径17mm的按扣1套 绒面革带子7.5cm宽×40cm 定型条7m 5/0号钩针
钩织密度 10cm见方短针19针×18行
钩织方法
※均使用双股线进行钩织
1 为环编起针，主体部分边加、减针边进行钩织，共钩51行。从第2行到第24行钩入定型条。
2 提手钩30针，参考下图钩43行。另外一侧的提手在指定位置上加线用同样方法进行钩织。
3 将两边的提手在钩织行结束处重合，用卷缝拼接在一起以后，将整体向内折叠，再用卷缝缝合起来。
4 包口处边钩入定型条边钩2行缘编织。
5 缝上绒面革带子，包包完成。

包包提手 2块

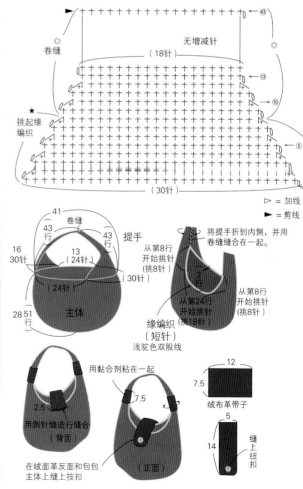

包包主体

颜色	行数	针数	
	51行	108针	（−6针）
	48~50行	114针	无增减针
	47行	114针	（−6针）
	44~46行	120针	无增减针
	43行	120针	（−6针）
	40~42行	126针	无增减针
	39行	126针	（−6针）
	23~38行	132针	无增减针
	22行	132针	（+6针）
	21行	126针	（+6针）
	20行	120针	（+6针）
砖色（中细纯毛双股线）	19行	114针	（+6针）
	18行	108针	（+6针）
	17行	102针	（+6针）
	16行	96针	（+6针）
	15行	90针	（+6针）
	14行	84针	（+6针）
	13行	78针	（+6针）
	12行	72针	（+6针）
	11行	66针	（+6针）
	10行	60针	（+6针）
	9行	54针	（+6针）
	8行	48针	（+6针）
	7行	42针	（+6针）
	6行	36针	（+6针）
	5行	30针	（+6针）
	4行	24针	（+6针）
	3行	18针	（+6针）
	2行	12针	（+6针）
	1行	6针	

包包主体

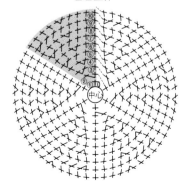

▨ ＝1个花样

第15行以后按照上表，
在此范围内一针一针进
行加减针。（如此反复6次）

挎包

主体用贝壳针和引上钩针组合进行花样
钩织。用白色钩织线对盖子处加以变化，
然后缝上蝴蝶结编绳。

设计 & 钩织：amy*
How to make…p.117

彩色拉绳小包

底部钩织针脚紧密的短针，用中长针枣形
针钩织出侧面花样。将花朵图案穿过拉绳
作为整体亮点。

设计 & 钩织：hihahouse
How to make…p.119

短针钩织的包包

使用同一个钩织图，只需改变钩织钱就可做出
6种式样的包包。
基底只用短针进行层层钩织即可。
通过改变提手和装饰物，尽情享受变化的乐趣。

设计 & 钩织：中西和惠

用料与工具
A:HOBBYRA HOBBYRE　Wool Cute　灰色（23）、浅驼
色（22）各10g　细革绳2根，每根13cm（主体·双股线）
5/0号钩针　2/0号钩针（装饰·单股线）
B:细软马海毛　淡绿色(14)10g　1.5cm宽的天鹅绒带子
15cm　2cm宽的花边5cm　5/0号钩针
C:苏格兰毛呢线　淡茶色(05)20g　2根0.5cm宽15cm
长的皮革带子　6/0号钩针
D:棉羊毛线　紫红色(02)25g　0.5cm宽的灰色带子
80cm　艾菲尔铁塔形状的小饰物1个　圆环1个　8/0号
钩针
E:马海毛圈圈毛线　灰色(10g)65g　1.5cm宽的灰色缎
带1m　8/0号钩针
F:毛毡线　白色(09)120g　0.6cm宽的皮绳80cm　直径
2cm的茶色纽扣1枚　10/0号钩针
成品尺寸（高×直径，不含提手）
A:4cm×7cm　　B:4cm×8cm　　C:6cm×8cm
D:7cm×11cm　E:10cm×17cm　F:14cm×18cm
钩织要点
●为环编起针，按照图示钩18行。
●参考汇总图分别进行钩织。

E

F

主体

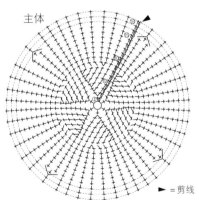

行数	针数
18 行	44 针
17 行	44 针
16 行	44 针
15 行 ～ 9 行	48 针
8 行	48 针
7 行	42 针
6 行	36 针
5 行	30 针
4 行	24 针
3 行	18 针
2 行	12 针
1 行	6 针

► = 剪线

装饰物 只有A
浅驼色 2/0号钩针

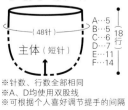

装饰物a到第2行为止…2块
装饰物b到第3行为止…1块
装饰物c到第4行为止…2块

(44针)
A…20 B…22 C…24
D…28 E…40 F…44

(48针)
主体（短针）

A…5
B…5
C…6
D…7
E…11
F…14

18行

※针数、行数全部相同
※A、D均使用双股线
※可根据个人喜好调节提手的间隔

A

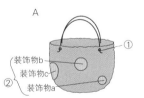

装饰物b
装饰物c
装饰物a

① 在第16行到第17行之间
的位置上将皮绳(2根，每根13cm)
由反面拉到正面，在线端打结
② 缝上5块装饰物

B

① 将天鹅绒带子缝在包包外侧
② 缝上花边带子

C

① 将皮革带子(2第，每条15cm)
缝在包包外侧

D

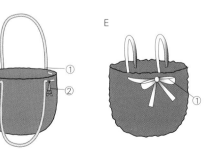

① 将带子穿在第17行和
第18行之间用作提手
② 将喜爱的小饰物挂在圆环
上，然后挂在包包外侧

E

① 将缎带穿在第16行和第17行
之间，然后打上蝴蝶结

F

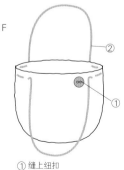

① 缝上纽扣
② 将皮绳穿在第17行和
第18行之间用作提手

73

item⑤ 饰品

戒指、手环、小饰物、发绳、发圈…这里收集了各种简易小巧的饰品。它们可以用作礼物。

小花朵手环

按照个人喜好钩织一定数目的渐变色小花朵和叶子，
用辫子针钩织编绳，然后挑起这些主题图案的背面用
编绳将其穿成一串。

设计 & 钩织：**KAYASHIMAREINI**
How to make···p.120

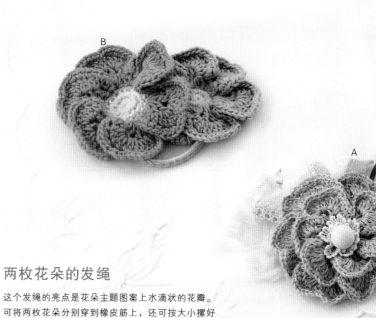

两枚花朵的发绳

这个发绳的亮点是花朵主题图案上水滴状的花瓣。
可将两枚花朵分别穿到橡皮筋上，还可按大小摆好
以后配合花边做成非常有立体感的发饰。

设计 & 钩织：AHAHA 工房
How to make···p.121

双层花瓣的发绳

钩一个双层花瓣的主题图案，在上面缝上核桃
扣用作花蕊。然后和花萼主题图案组合，最后
缝到橡皮筋上。

设计 & 钩织：AHAHA 工房
How to make···p.122

蝴蝶结戒指

用花样钩织钩出小圈圈，用辫子针将两端
钩成海扇形边缘。
在中间穿入深粉色的线并打成蝴蝶结。

设计 & 钩织：Petit3*ans
How to make···p.120

玫瑰花手环 & 耳环

将长针钩织的带子一圈一圈卷成玫瑰花。
再将玫瑰花缝到事先织好的带子上，就做成了手环。
装在专门的金属配件上还可以做成耳环。

设计 & 钩织：AHAHA 工房
How to make…p.122、123

玫瑰花图案的装饰物

将制作手环时钩的玫瑰花针脚加大，制成一
朵大花。在背面装上别针并缝上事先钩好的
带子。可用来装饰篮子、衣服等。

设计 & 钩织：AHAHA 工房
How to make…p.124

Point Process
手环的玫瑰花主题图案

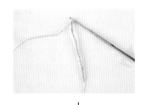

1
钩 19 针辫子针作为
起针。

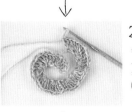

2
钩 3 针辫子针立针，
在上一行针脚处隔 1
针辫子针钩 4 针长针
（即一针分四针长针）。

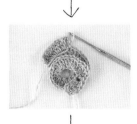

3
第 2 行钩 3 针辫子针
再钩长针进行加针，
如此反复钩出花瓣。

4
用熨斗熨烫，待织片
形状固定后将其一圈
一圈卷起来，整理好
形状之后缝好固定。

五颜六色的戒指

重点部分是 3 行左右的花朵主题图案。
用串珠装饰花蕊，与花边结合营造出少
女风格。只需用一点点线花一点点时间
就可完成。

设计 & 钩织：草本美树
How to make···p.124、125

三色堇发绳 & 发夹

用细麻线钩织的三色堇图案，只需组合短
针、中长针和长针即可完成，它们的特点
是造型简单。

设计 & 钩织：AHAHA 工房
How to make···p.126

菊花饰物

用双股马海毛线一边卷入红色极
粗线一边钩织出圆乎乎的形状。
缝上用串珠钩编的黄色花蕊。

设计 & 钩织：稻叶 YUMI
How to make···p.127

圆球发绳

将用作装饰的毛线球用短针钩成合适的大小，然后缝到基底的圆形主题图案上。按照粉色深浅度将毛线球整理好。

设计 & 钩织：PURANKA

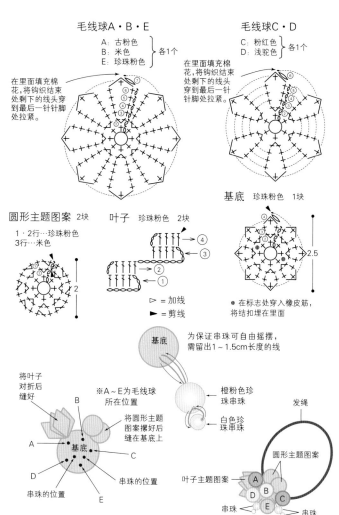

毛线球A・B・E
A：古粉色
B：米色 }各1个
E：珍珠粉色

在里面填充棉花，将钩织结束处剩下的线头穿到最后一针针脚处拉紧。

毛线球C・D
C：粉红色 }各1个
D：浅驼色

在里面填充棉花，将钩织结束处剩下的线头穿到最后一针针脚处拉紧。

圆形主题图案 2块
1・2行…珍珠粉色
3行…米色

叶子 珍珠粉色 2块
▷ = 加线
▶ = 剪线

基底 珍珠粉色 1块
2.5
● 在标志处穿入橡皮筋，将结扣埋在里面。

为保证串珠可自由摇摆，需留出1～1.5cm长度的线。

将叶子对折后缝好

※A～E为毛线球所在位置

将圆形主题图案摆好后缝在基底上

橙粉色珍珠串珠
白色珍珠串珠

基底
A
B
C
D
E
串珠的位置
串珠的位置

发绳
圆形主题图案
叶子主题图案
A B C
D E
串珠 串珠

用料与工具

20号花边线　古粉色、珍珠粉色、米色　各少量　细棉线　粉红色、浅驼色中细棉线各少量　珍珠串珠　直径8mm橙粉色2个，直径6mm白色2个　发绳适量　填充棉适量　0号花边针

成品尺寸

约7cm×7cm（不含发绳）

钩织要点

●钩织毛线球、圆形主题图案、叶子主题图案和基底。
●在基底上装上发绳和各个零件。

用料与工具

40号花边线　白色　少量　链子　约7cm　别针1个
T形针9根　9字针1根　圆环4个　水滴状珍珠串珠1个
直径2mm的珍珠串珠8个　填充棉适量　8号花边针

成品尺寸

主题图案的直径约为2.2cm。

钩织要点

●钩织雪花主题图案和毛线球。
●参考下图将各个零件装到别针上。

▶ = 剪线

雪花主题图案 1块

约2.2

毛线球 1个

在里面填充棉花，将钩织结束处剩下的线头穿到最后一针针脚处拉紧。

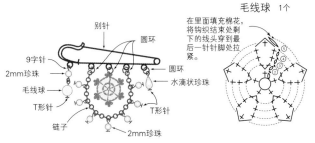

别针
圆环
9字针
2mm珍珠
圆环
毛线球
水滴状珍珠
T形针
T形针
链子
2mm珍珠

雪花主题图案的胸针

将用花边线钩织的纤细的雪花主题图案用圆环挂在别针中间位置上。与珍珠串珠组合到一起营造高雅气质。

设计 & 钩织：miwa

软绵绵的马海毛发圈

用辫子针为环编起针，然后上下钩织褶边。只有边缘部分使用浅驼色。
发绳在第 1 行用中长针钩入。

设计 & 钩织：AHAHA 工房

用料与工具
极细马海毛线　粉红色、淡粉色 各5g、原色 少量　花朵串珠(大) 2 个、(小)
1 个　蝴蝶串珠 1 个　直径5cm的圆形皮筋 1 根　7/0 号、5/0 号钩针

成品尺寸 直径11cm

钩织要点
● 使用2种粉色线组成的双股线钩70针辫子针作为起针，围成环形。
● 同时挑起起针的半针辫子针和内山，边用中长针钩入橡皮筋边进行钩织。
● 挑起起针处剩余的半针辫子针针脚，按照同样方法钩织。

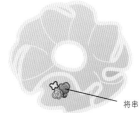

将串珠固定在喜欢的位置上

发圈

1 ~ 3行…2种粉色线组成的双股线　7/0号钩针
4行…粉色线、原色组成的双股线　5/0号钩针

▷ = 加线
► = 剪线

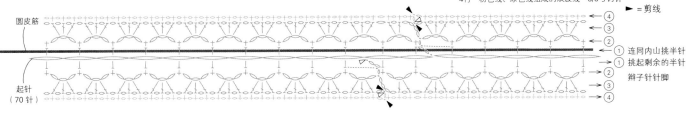

圆皮筋

(4)
(3)
(2)
(1) 连同内山挑半针
(1) 挑起剩余的半针
(2) 辫子针针脚
(3)
(4)

起针
(70针)

用料与工具
极细腈纶线　粉红色 少量　金属环 1 个　链子
4cm　直径4mm的圆环 1 个　C形环 2 个　T形
针 4 根　直径3mm的珍珠串珠 1 个(白色)　直径
4mm的珍珠串珠 2 个(粉红色)　直径6mm的珍珠
串珠 1 个(白色)　心形配件 1 个　纪念章配件 1 个
2/0 号钩针

成品尺寸 约 4.5×2.5cm(蝴蝶结主体)

钩织要点
● 钩织带子1、带子2，将其整成蝴蝶结形状。
● 在 T 形针上穿入珍珠串珠，弯曲 T 形针针端使之
挂在链子上。
● 将心形配件和纪念章配件穿过 C 形环挂在链子上。

带子2

带子1

将带子2卷在带子1上，用引
拔针固定两个 ★ 处

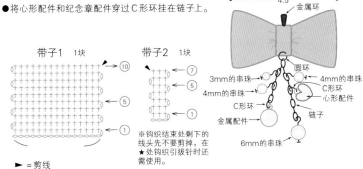

带子1 1块
(10)
(5)
(5)
(1)
(1)

带子2 1块
(7)
(5)
(1)

※钩织结束处剩下的
线头先不要剪掉，在
★ 处钩织引拔针时还
需使用。

► = 剪线

蝴蝶结的小饰物

这款有张力的蝴蝶结重点在于只钩短针，保持
针脚排列紧密。在链子上装好各种珠子。

设计 & 钩织：amy*

4.5
金属环

3mm的串珠
4mm的串珠
4mm的串珠
C形环
金属配件
6mm的串珠

圆环
C形环
心形配件
链子

花朵包饰

将钩好的带子一圈一圈卷成花朵形状。将毛线球缝到花朵上，并注意保持整体平衡美观。在锁眼处钩织引拔针做成编绳。

设计 & 钩织：西山忍

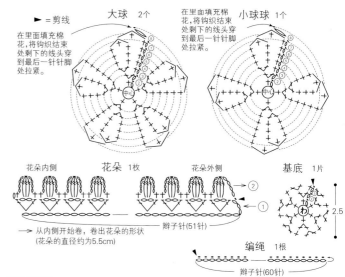

▶ =剪线

大球 2个
在里面填充棉花，将钩织结束处剩下的线头穿到最后一针针脚处拉紧

小球球 1个
在里面填充棉花，将钩织结束处剩下的线头穿到最后一针针脚处拉紧

花朵内侧 　花朵 1枚　 花朵外侧

基底 1片

2.5

→ 从内侧开始卷，卷出花朵的形状
（花朵的直径约为5.5cm）

辫子针(51针)

编绳 1根

辫子针(60针)

用料与工具

HAMANAKA　Mohair Premier　原色(2)20g　直径3mm的珍珠串珠 4个
5/0号钩针

成品尺寸 约15cm

钩织要点

●钩织花朵，卷起织布将其整成花朵形状然后缝好固定。
●钩织大球、小球、基底和编绳，将其整理成小饰物的形状。

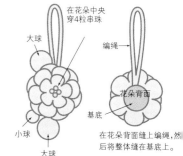

在花朵中央穿4粒串珠

大球　　编绳

小球　　花朵背面

大球

基底

在花朵背面缝上编绳，然后将整体缝在基底上。

用料与工具

花边线40号　薰衣草色 少量　花边　50cm
2cm宽的插梳　1个　蝴蝶金属饰物 1个
6cm×6cm的皮革　1块　圆环 1个　黏合剂适量　6号花边针

成品尺寸

约3.5cm×4.5cm

钩织要点

●钩花。
●按照钩织图分别将织片和花边整理成花朵形状。
●按照图示将花朵缝在开孔的皮革配件上，然后在背面粘上无孔的皮革配件。
●在薰衣草色的花朵中央穿上圆环，挂上蝴蝶小饰物。

花朵的制作方法

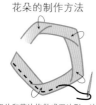

织片和花边均做成五边形，边拧边缝外侧边缘并收紧，最后整理成花朵形状。

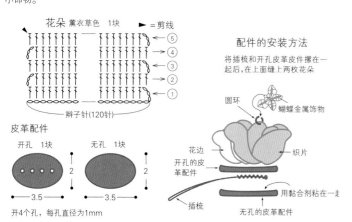

花朵 薰衣草色 1块　　▶ =剪线

⑤
④
③
②
①

辫子针(120针)

皮革配件

开孔 1块　　无孔 1块

2　　2

3.5　　3.5

开4个孔，每孔直径为1mm

配件的安装方法

将插梳和开孔皮革皮片擦在一起后，在上面缝上两枚花朵

圆环

蝴蝶金属饰物

花边

织片

开孔的皮革配件

插梳

无孔的皮革配件

用黏合剂粘在一起

花边花发梳

边用长针钩织的带子边将其拱缝成花朵形状。花边也按同样的方法制作，整理好后将两者一起装到插梳上。

设计 & 钩织：Printemps　前田惠子

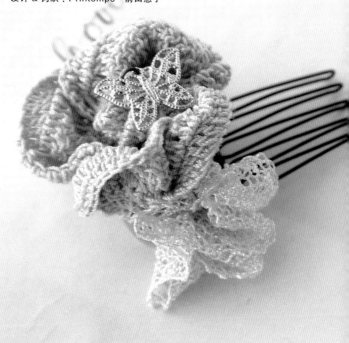

本书中出现的钩织符号 & 针法

一针分两针短针

1
钩1针短针。

2
在相同针脚处入针，再钩1针短针。

3
完成。加1针后的状态。

短针两针并一针

1
在上一行的每个相同针脚处分别钩2针未完成的短针。

2
在钩针上绕线，同时从钩针上的3个线圈处引拔。

3
完成。1针减针后的状态。

一针分两针长针

1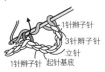
1针辫子针
3针辫子针
立针
1针辫子针　起针基底
在钩针上绕线，钩织长针。

2
在钩针上绕线，在相同针脚处再次入针。

3
完成。加1针后的状态。

长针两针并一针

1
未完成的长针
1针辫子针
3针辫子针立针
起针基底
钩1针未完成的长针，绕线后在下一针针脚处入针。

2
第2针也钩未完成的长针。

3
未完成的2针长针
在钩针上绕线，同时从钩针上的3个线圈处引拔。

4
完成。1针减针后的状态。

一针分三针短针

1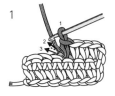
钩1针短针。

2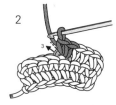
在同一针脚处再钩2针短针。

3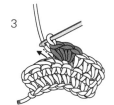
在同一针脚处共钩3针短针。2针加针完成。

81

短针的
菱钩针

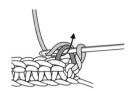

钩反面一行时，在上一行辫子针手前一侧的半个针脚处入针钩短针。

钩正面一行时，在上一行辫子针对面一侧的半个针脚处入针钩短针，使条纹呈现在织片的正面。

短针的
条纹针

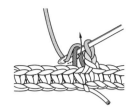

总是在上一行辫子针对面一侧的半个针脚处入针，然后钩短针。

长针的
条纹针

1
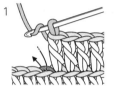

在钩针上绕线，在上一行辫子针对面一侧的半个针脚处入针。

2
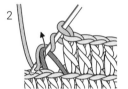

在钩针上绕线，沿箭头方向将线引出。

3
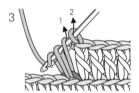

在钩针上绕线，沿箭头方向按顺序从钩针上的3个线圈处引拔。

4
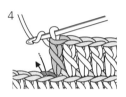

条纹呈现在织片的正面，长针钩织完成。

一针分两针
中长针

1
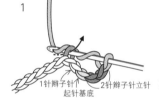

在钩针上绕线，沿箭头方向引出。

2

在钩针上再绕一圈线，从钩针上的3个线圈处引拔。

3

1针中长针钩织完成。在钩针上绕线，在相同针脚处再次入针钩中长针。

4
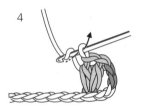

完成。加1针中长针后的状态。

一针分三针
中长针

1

钩1针中长针。

2

在相同针脚处再次入针，钩1针中长针。

3

在钩针上绕线，在相同针脚处再钩1针长针。

4
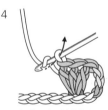

完成。加2针中长针后的状态。

一针分三针
长针

1

在钩针上绕线，钩1针长针。

2
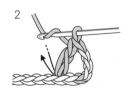

在钩针上绕线，在相同针脚处再钩1针长针。

3

在相同针脚处再次入针，钩1针长针。

4
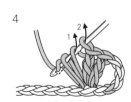

完成。加2针长针后的状态。

	1	2	3	4
短退针	织片不要翻面立1针，沿箭头方向入针。	针尖钩线，将线引到正面。	钩针上绕线，从2个线圈处同时引拔。	钩完1针。

	1	2	3	
狗牙拉针	钩3针辫子针，沿箭头方向挑起短针前端的半个针脚和针脚底部的1根钩织线。	在钩针上绕线，沿箭头方向同时引拔。	完成。	

	1	2	3	4
狗牙针	 钩3针辫子针，沿箭头方向在上一行下一针针脚前端的2根钩织线处入针。	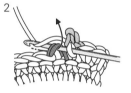 在钩针上绕线后引出。	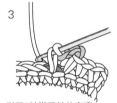 引至1针辫子针的高度。	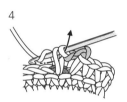 再在钩针上绕一圈线，沿箭头方向在钩针上的2个线圈处引拔（短针）。

	1	2	3	4
长针3针的枣形针（钩成束状）	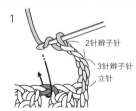 在钩针上绕线，将上一行辫子针的针脚挑起成束状。	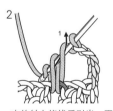 在钩针上绕线后引出，再绕一圈线在2个线圈处引出（未完成的长针）。	 按照同样的方法再钩2针未完成的长针。	 在钩针上绕线，沿箭头方向从钩针上的4个线圈处同时引拔。

	1	2	3	
长针3针的枣形针（钩成一针）	在上一行的一个针脚处钩1针未完成的长针，然后在同一针脚处再钩2针未完成的长针。	在钩针上绕线，沿箭头方向从4个线圈处同时引拔。	完成。	

变化的中长针
三针的枣形针
(钩成束状)

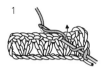
1

在钩针上绕线，将上一行辫子针的针脚挑起成束状。

2

在钩针上绕线引出，引至2针辫子针的高度(中长针未完成)。

3
未完成的中长针
3针 2针 1针

在同一针脚处再钩2针未完成的中长针，在钩针上绕线，沿箭头方向从钩针上的6个线圈处同时引拔。

4

再次在钩针上绕线，从余下的两个线圈处引拔。

一针分五针
长针(松钩)

1

在1个针脚处钩1针长针。

2
2针辫子针

在同一针脚处再钩4针长针。

一针分三针
长针
(钩入短针针脚)

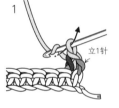
1
立1针

钩1针短针。

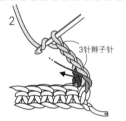
2
3针辫子针

钩3针辫子针，在钩针上绕线，从短针针脚的2根钩织线处入针。

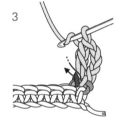
3

钩1针长针，然后在同一针短针针脚处再钩2针长针。

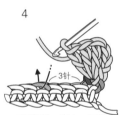
4
3针

跳过3针，在上一行第4针针脚处钩短针。

长正浮针

1

在钩针上绕线，从正面挑起上一行的整个针脚。

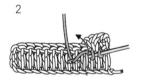
2

在钩针上绕线，沿箭头方向引出，引出的线要拉长。

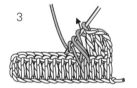
3

在钩针上绕线，从针端的2个线圈处引出。

4

在钩针上绕线，从钩针上的2个线圈处引拔。

长反浮针

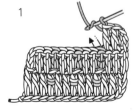
1

在钩针上绕线，从反面挑起上一行的整个针脚。

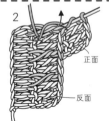
2
正面

反面

在钩针上绕线，沿箭头方向引出，引出的线要拉长。

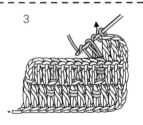
3

在钩针上绕线，从针端的2个线圈处引出。

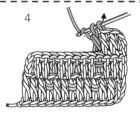
4

在钩针上绕线，从钩针上的2个线圈处引拔。

戒指　photo P.28

用料与工具

HAMANAKA 马海毛线　淡紫色(8)少量　戒托
(带垫片) 1个　直径3mm的带爪的莱茵石　1个
4/0号钩针

成品尺寸

花朵主题图案的直径3cm

钩织要点

● 参考通用钩织图(P29)，钩2行花朵主题图案。

● 在花朵中央部分缝上莱茵石，并在花朵主题图案
背面缝上金属零件。

How to Make

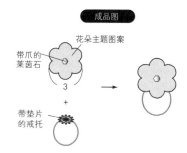

成品图

花朵主题图案

带爪的
莱茵石

3

+

带垫片
的戒托

包饰　photo P.28

用料与工具

HAMANAKA Organic wool Field　紫色(8)　粉色
(7) 各少量　直径3mm的串珠 2个　宽13mm的花
边15cm　链子8cm　直径5mm的圆环2个　直径
13mm的金属箍　1个　茄形环 1个　5/0号、7/0
号钩针

成品尺寸

花朵主题图案的直径(单股线)为3cm

花朵主题图案的直径(双股线)为5cm

钩织要点

● 参考通用钩织图(P29)，钩2行花朵主题图案。
用单股线(5/0号钩针)钩织紫色和粉红色花朵各1
枚，用双股线(7/0号钩针)钩一枚紫色花朵。
在用单股线钩织的花朵中央缝上串珠。

● 参考成品图，将花朵主题图案与金属零件组合在
一起。

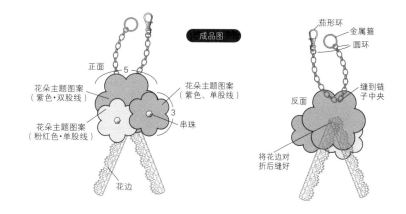

成品图

正面

5

花朵主题图案
(紫色·双股线)

花朵主题图案
(紫色、单股线)

花朵主题图案
(粉红色·单股线)

3

串珠

花边

茄形环
金属箍
圆环

反面

缝到链
子中央

将花边对
折后缝好

发夹　photo P.28

用料与工具

中细棉线　浅橙色少量　发夹金属配件 1个　直径
3mm的带爪的莱茵石 1个　3/0号钩针

成品尺寸 花朵主题图案的直径为2.5cm

钩织要点

● 参考通用钩织图(P29)，钩2行花朵主题图案。

● 在花朵中央部分缝上莱茵石，并在花朵主题图案
背面粘上金属配件。

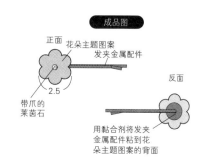

成品图

正面　花朵主题图案
发夹金属配件

2.5

带爪的
莱茵石

反面

用黏合剂将发夹
金属配件粘到花
朵主题图案的背面

手掰夹 photo P.32

用料与工具
HAMANAKA pom beans 橙色(8)少量 手掰
夹金属配件1个 5/0号钩针
成品尺寸 花朵主题图案的直径为3.5cm
钩织要点
● 参考通用钩织图(P29),钩2行花朵主题图案。
● 在花朵主题图案的背面粘上金属配件。

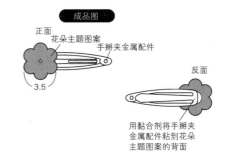

项链 photo P.33

用料与工具
HAMANAKA HAMANAKA 马海毛线 奶油色(11)少量
链子62cm 直径3mm的圆环2个 直径4mm的圆环3
个 项链扣1个 水貂球1个
4/0号钩针
成品尺寸 花朵主题图案的直径为2.5cm
钩织要点
● 参考通用钩织图(P29),钩2行花朵主题图案。共钩
6枚。
● 参考成品图,将花朵图案与金属零件组合在一起。

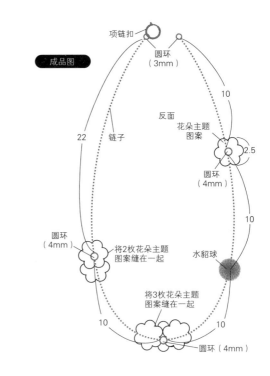

鞋卡 photo P.33

用料与工具
HAMANAKA Flux C 紫色(5)少量、白色(1)少量
金属卡2个 直径4mm的珍珠串珠 6个 5/0号
钩针
成品尺寸 花朵主题图案的直径为3cm
钩织要点
● 参考通用钩织图(P29),钩2行花朵主题图案。钩
4枚紫色、2枚白色花朵图案。在花朵中央位置分别
缝上珍珠串珠。将2枚紫色和1枚白色花朵图案组
合在一起做成2套。
● 在花朵主题图案的背面粘上金属卡。

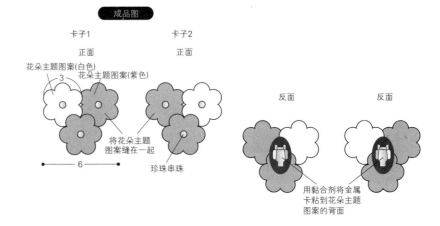

~艾菲尔铁塔图案的围巾~ photo P.39

用料与工具

HAMANAKA　Exceed Wool　鲑肉色(111)80g

3/0 号钩针

成品尺寸 长162cm×宽14cm

钩织密度

10cm 见方花样钩织 A・B・C 1.5 针×14 行

钩织要点

● 主体部分钩44针辫子针作为起针,参考下图钩出A・B・C・D四种花样,一共钩织227行。

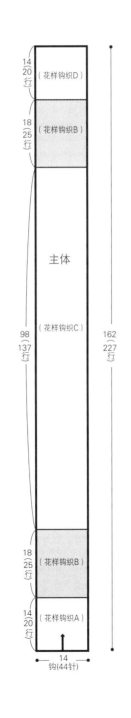

14 / 20 行 (花样钩织D)

18 / 25 行 (花样钩织B)

主体

98 / 137 行 (花样钩织C)

162 / 227 行

18 / 25 行 (花样钩织B)

14 / 20 行 (花样钩织A)

▷ = 加线

► = 剪线

14 / 钩(44针)

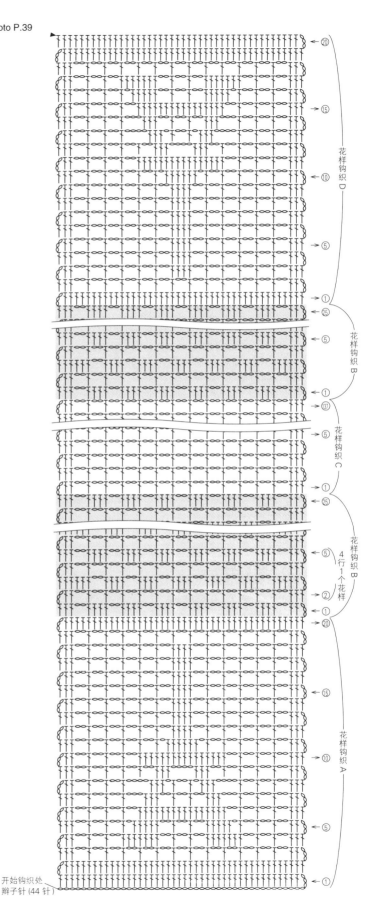

花样钩织 D

花样钩织 B

花样钩织 C

4行1个花样 花样钩织 B

花样钩织 A

开始钩织处
辫子针(44针)

扇形花边的钟形帽、装饰花 photo P.45

用料与工具

蓝色…HAMANAKA 粗花呢棉线 Charkha 蓝色(4)110g
茶色…HAMANAKA Sonomono粗花呢 茶色(73)95g 淡茶色(72)10g 原色(71)3g
蓝色和茶色线均使用5/0号·4/0号钩针

成品尺寸

头围54cm×高度26cm
钩织密度 10cm见方短针23.5针×27行

钩织要点

● 主体用环编起针,参考右图,顶部边加针边用短针钩织19行,侧面钩14行花样A,无增减针。帽檐部分参考右图,边加针边钩12行花样B。
● 装饰花要钩出花瓣与花蕊两部分。花瓣用环编起针,按照下图钩6行。钩出5朵花瓣。花蕊用环编起针,按照下图钩4行。在最后一行穿线,填入碎线头后收紧。将花瓣错开重叠,缝制成花朵形状。在花朵的中央位置上缝上花蕊。在反面缝上别针。

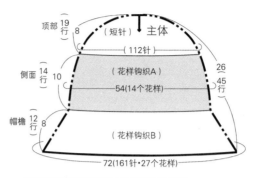

※除特殊指定以外均使用5/0号钩针进行钩织

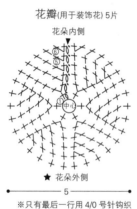

花瓣(用于装饰花) 5片
花朵内侧
★ 花朵外侧
5
※只有最后一行用 4/0 号针钩织
※蓝色花瓣均使用同色线钩织茶色花瓣用淡茶色钩织线钩到第5行,最后一行用原色线钩织

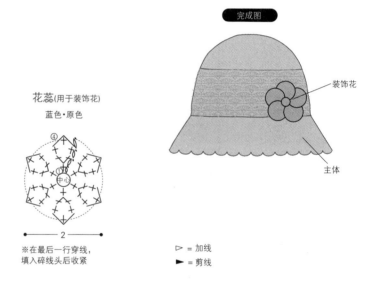

花蕊(用于装饰花)
蓝色·原色
2
※在最后一行穿线,填入碎线头后收紧

完成图

装饰花
主体

▷ = 加线
► = 剪线

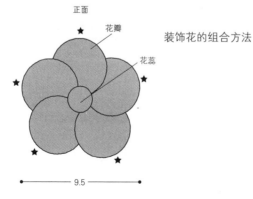

正面
★ 花瓣
花蕊
反面
缝上别针

装饰花的组合方法

9.5

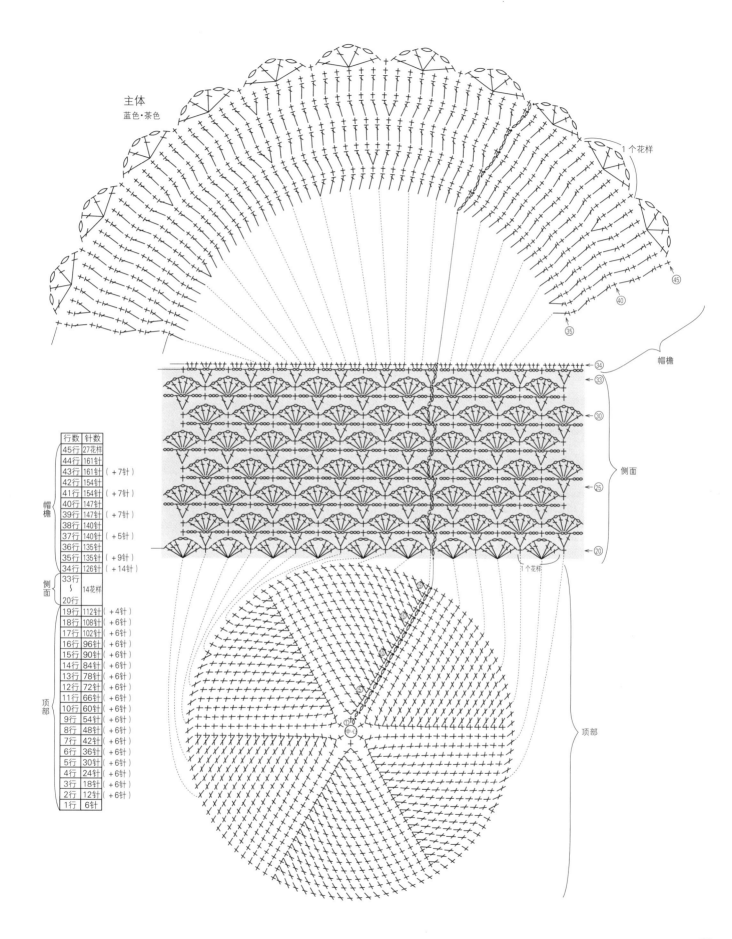

主体
蓝色·茶色

1个花样

帽檐

45
40
35

34

帽檐

33
30

25

侧面

20

1个花样

行数	针数	
45行	27花样	
44行	161针	
43行	161针	(+7针)
42行	154针	
41行	154针	(+7针)
40行	147针	
39行	147针	(+7针)
38行	140针	
37行	140针	(+5针)
36行	135针	
35行	135针	(+9针)
34行	126针	(+14针)
33行～20行	14花样	
19行	112针	(+4针)
18行	108针	(+6针)
17行	102针	(+6针)
16行	96针	(+6针)
15行	90针	(+6针)
14行	84针	(+6针)
13行	78针	(+6针)
12行	72针	(+6针)
11行	66针	(+6针)
10行	60针	(+6针)
9行	54针	(+6针)
8行	48针	(+6针)
7行	42针	(+6针)
6行	36针	(+6针)
5行	30针	(+6针)
4行	24针	(+6针)
3行	18针	(+6针)
2行	12针	(+6针)
1行	6针	

帽檐

侧面

顶部

中心

顶部

带花朵主题图案的脖套围巾 photo P.46

用料与工具
PUPPY　Princess Annie　绿粉色(527)40g　6/0
号钩针

成品尺寸
领围50cm×宽14cm

钩织密度
10cm见方花样钩织28针×19.5行

钩织要点
● 主体钩140针辫子针作为起针,围成环形。
参考图示钩27行花样钩织。
● 花朵用环编起针,按照图示钩2行。
● 在主体上选择适当位置缝上花朵。

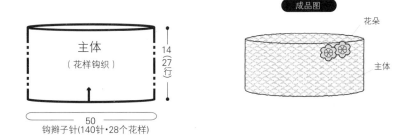

成品图

花朵

主体

主体
（花样钩织）

14
(27行)

50
钩辫子针(140针·28个花样)

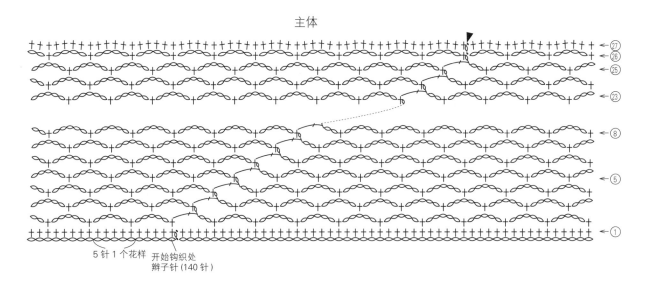

主体

㉗
㉖
㉕
㉓

⑧

⑤

①

5针1个花样
开始钩织处
辫子针(140针)

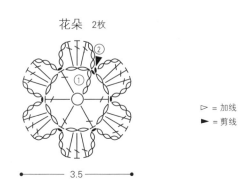

花朵　2枚

▷ = 加线
► = 剪线

3.5

前面带纽扣的脖套围巾 photo P.47

用料与工具
HAMANAKA　Exceed Wool　浅驼色(231) 80g
直径15cm的木制纽扣5个　4/0号钩针

成品尺寸
长73cm(下摆)×宽22cm
10cm见方花样钩织 24.5 针×16.5 行

钩织要点
● 主体钩125针辫子针作为起针,按照图示钩35行
花样钩织。接下来进行缘编织。
● 缝上纽扣。

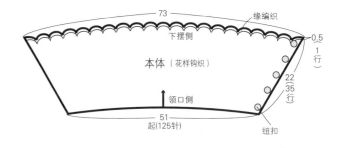

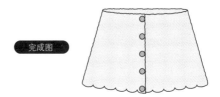

完成图

► = 剪线

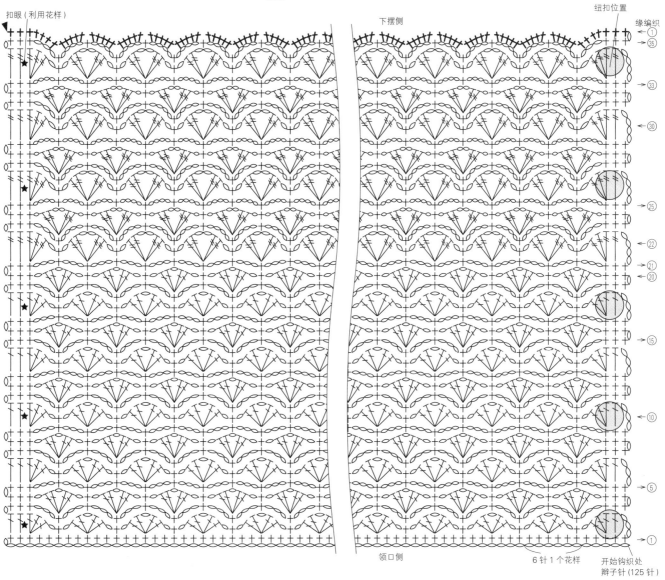

网眼假衣领 photo P.48

用料与工具

中细棉线 淡蓝色13g 白色5g 花边线 浅驼色
15g 喜欢的珍珠串珠19个 直径9mm的玫瑰花
饰物1个 5/0号钩针・ 0号花边针

成品尺寸 59cm×6cm

钩织要点

● 主体用白色钩织线钩137针辫子针作为起针,再
钩1行引拔针。然后参考图示加入淡蓝色线从起针
的另一侧挑针,钩7行花样。

● 花朵A、花朵B、蝴蝶用环编起针,按照图示分别
钩织。

● 按照图示将花朵A、花朵B制成胸花。

● 在主体上装上串珠、蝴蝶和胸针整理好。

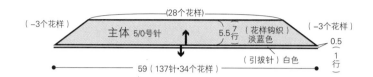

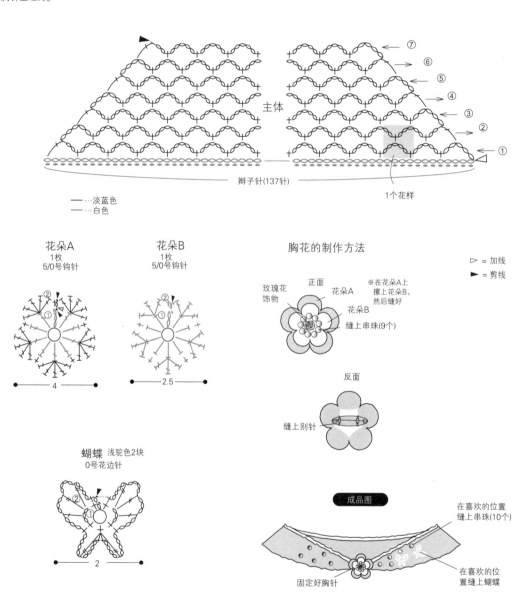

— …淡蓝色
— …白色

花朵A
1枚
5/0号钩针

花朵B
1枚
5/0号钩针

胸花的制作方法

▷ = 加线
► = 剪线

蝴蝶 浅驼色2块
0号花边针

成品图

92

网眼长围巾 photo P.48

用料与工具

PUPPY LUXSIC 橄榄色(604)190g 5/0号钩针

成品尺寸

23cm×160cm

钩织密度

1个花样 20针×18行 约7cm×12cm

钩织要点

● 主体钩61针辫子针作为起针,按照图示钩218行花样钩织。然后钩1行缘编织。

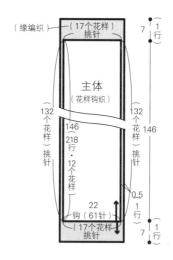

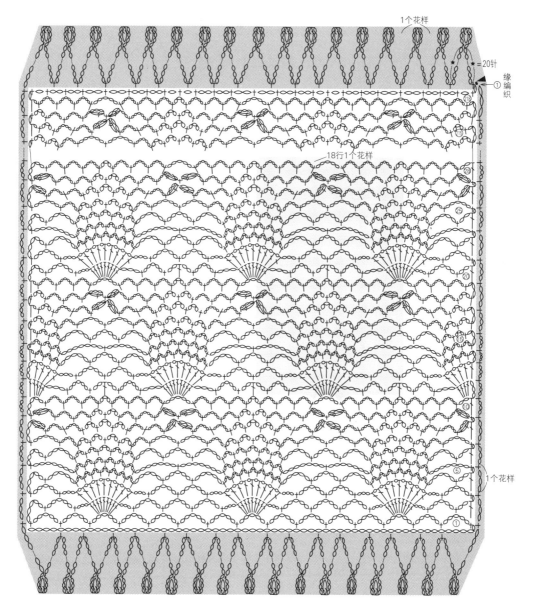

三色堇图案的小披肩 photo P.49

用料与工具

Bellcreate korone 紫色(5608)80g、淡紫色(5617)40g Longchamp Heroine 极细马海毛线紫色(749)30g 金黄色中粗毛线10g HAMANAKA Silk Mohair Parfait 黄绿色(8)5g 直径2.5cm的核桃纽扣金属配件2个 5/0号钩针

成品尺寸

肩宽约32cm

钩织要点

● 主题图案A、B、C、D的第1到第5行均使用同样的方法钩织。

● 按照图示边拼接主题图案边进行钩织。

● 拼接完成后进行缘编织。

● 钩织2个核桃扣和编绳,然后将其缝在一起。

主题图案A4块
主题图案B2块
主题图案C2块
主题图案D3块

拼肩 (主题图案拼接)

(缘编织A) 参考图

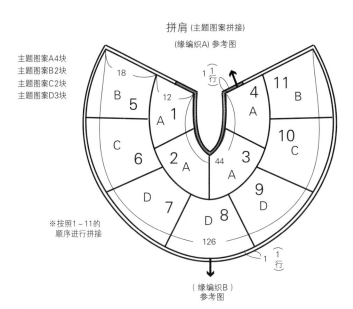

※按照1~11的顺序进行拼接

(缘编织B) 参考图

将核桃纽扣的最后一行收紧,然后缝到编绳的两端

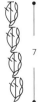

※主题图案A、B、C、D的第1到第5行均使用同样的方法钩织

主题图案 A、B、C、D	①	金黄色和黄绿色双股线
	②~④	马海毛紫色和淡紫色双股线
	⑤~	马海毛紫色和紫色双股线
边 缘		马海毛紫色和紫色双股线

核桃纽扣 2个

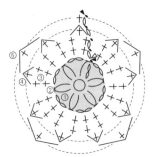

织入核桃纽扣金属配件

核桃纽扣	①	马海毛紫色和淡紫色双股线
	②~⑤	马海毛紫色和紫色双股线
编绳		马海毛紫色和紫色双股线

▷ = 加线
► = 剪线

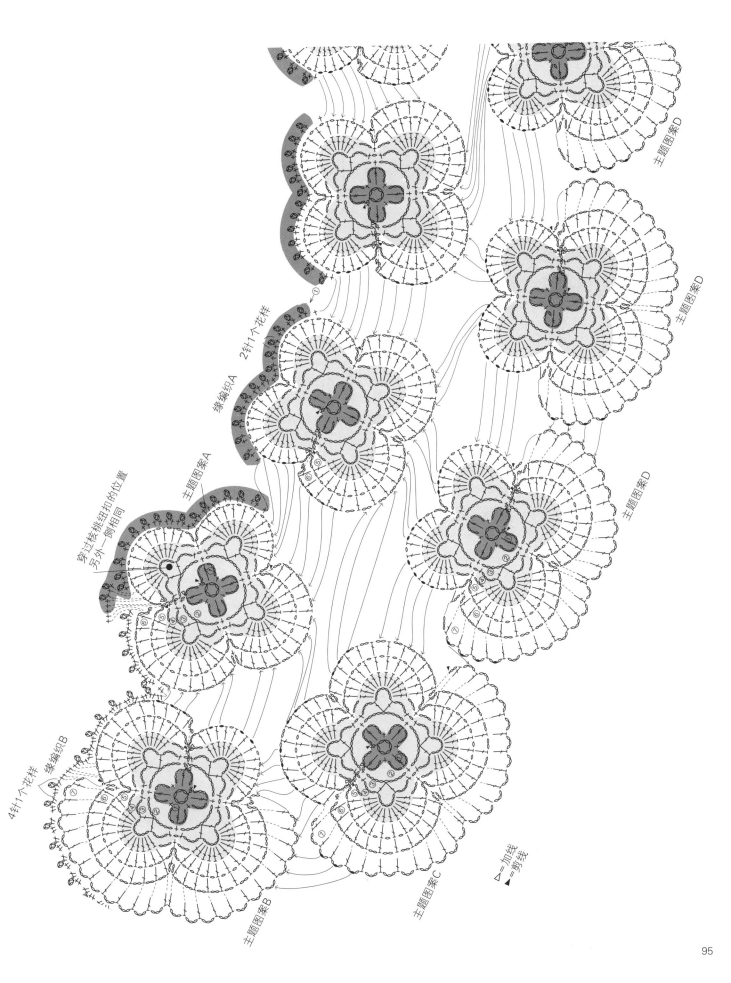

主题图案D

主题图案D

主题图案D

缘编织A　2针1个花样

穿过核桃纽扣的位置
另外一侧相同

主题图案A

4针1个花样　缘编织B

主题图案B

主题图案C

△=加线
▲=剪线

两用长披巾 photo P.50

用料与工具
极粗羊毛线 浅驼色95g 8/0号钩针

成品尺寸
88cm×14cm(不含编绳)

钩织要点
● 主体钩151针辫子针作为起针，按照图示钩12行花样钩织。
● 编绳钩70针辫子针作为起针，再钩1行引拔针。
● 在主体两端缝上编绳。
● 装饰花参考制作方法，先钩织花朵和花朵的中心，然后将两者重叠缝在一起。按照个人喜好缝在主体的适当位置上。

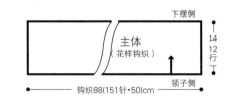

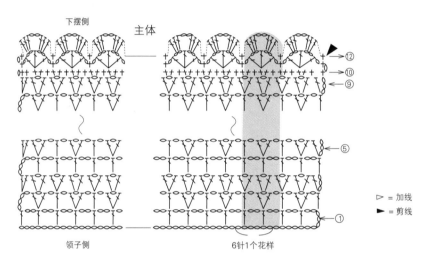

装饰花的做法

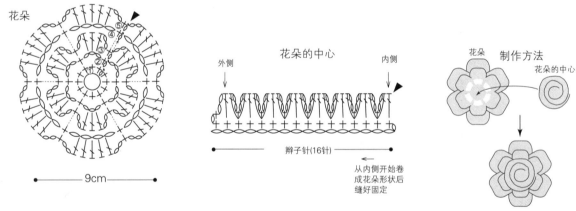

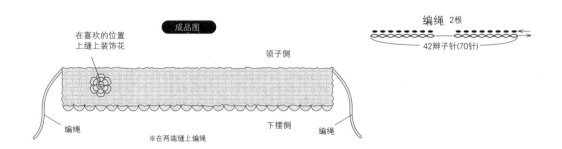

简单款无檐帽 photo P.52

用料与工具

横田 BIGBALL Melange 浅驼色 (2)40g Smoky
淡茶色 (10)25g 直径15mm的纽扣1个3cm的别
针1个 9/0号钩针

成品尺寸

头围59.5cm×高20cm

钩织密度

浅驼色
4个花样 (12针) = 9cm・10cm = 7行
淡茶色
4个花样 (12针) = 9.5cm・10cm = 5.5行

钩织要点

● 主体用环编起针,参考图示边加针边钩织6行
花样,然后无增减针钩织到第13行。

● 装饰花用环编起针,按照图示钩4行。在背面
缝上别针,然后在正面的中间位置缝上纽扣。

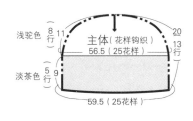

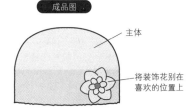

装饰花
浅驼色

▶ 第3行的短针需从后面挑起第1行的短针
进行钩织
▶ 第4行按反方向钩织
▶ 将别针缝在背面稍靠上的位置
在正面的中央位置上缝上纽扣

主体 　9行~13行…淡茶色
　　　1行~8行…浅驼色

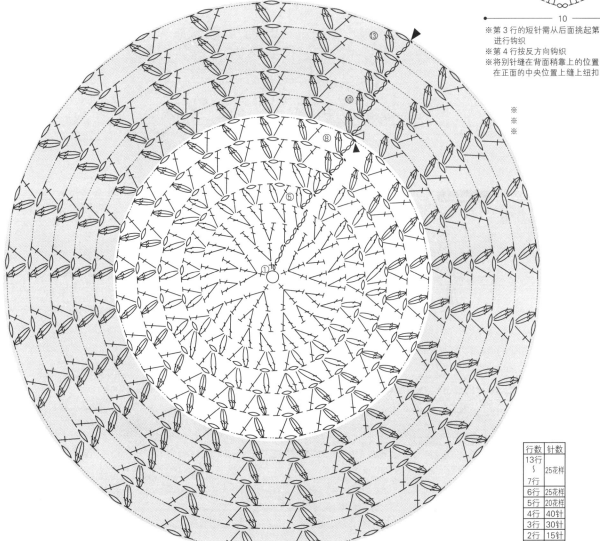

行数	针数
13行~7行	25花样
6行	25花样
5行	20花样
4行	40针
3行	30针
2行	15针
1行	5针

带装饰花的钟形帽 photo P.53

用料与工具

DARUMAINGS 手织线　舒适 caféRamie Blend
淡绿色(5)70g　0.5cm宽的浓茶色绒面革带子
24cm　1.1cm宽的粗花边24cm　2cm宽的粗花边
13cm　直径1.8cm的纽扣1个　别针1个　4/0号
钩针

成品尺寸

头围57cm×高度26cm

钩织密度

10cm见方花样钩织B
3.5个花样×10.5行

钩织要点

◉ 花朵用环编起针,按照图示进行钩织。
◉ 按照钩织图整理装饰花的花瓣。

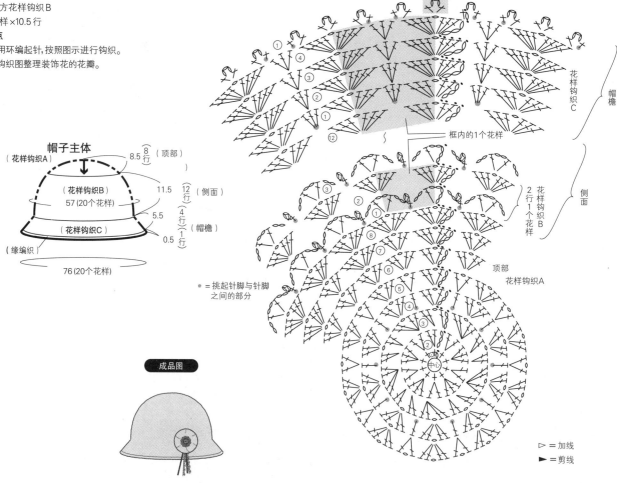

框内的1个花样　缘编织

框内的1个花样

帽檐

花样钩织C

花样钩织B
2行1个花样

侧面

顶部
花样钩织A

● = 挑起针脚与针脚
　　之间的部分

帽子主体

(花样钩织A)

8.5 (8行)(顶部)

(花样钩织B)
57 (20个花样)　11.5 (12行)(侧面)

5.5

(花样钩织C)　4行(1行)(帽檐)

0.5

(缘编织)

76 (20个花样)

▷ = 加线
► = 剪线

成品图

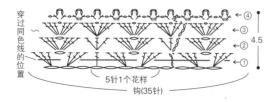

装饰花的花瓣

穿过同色线的位置

←④
←④
←②　4.5
←①

5针1个花样

钩(35针)

装饰花的制作方法

①将同色线穿过花瓣第1行并收紧,
　使花瓣呈圆形。
②拱缝2cm宽的粗花边,将其围成
　圆形后重叠在①上面。
③在最上面缝上纽扣。
④折好绒面革带子和1.1cm宽的粗
　花边,缝在背面的中间位置上。
⑤在背面缝上别针。

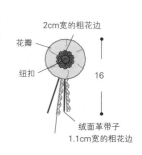

2cm宽的粗花边

花瓣

纽扣

16

绒面革带子
1.1cm宽的粗花边

海军鸭舌帽 photo P.54

用料与工具

中细麻线　藏青色90g、白色10g　用于帽檐反面的白色棉布20cm×6cm　5/0号钩针

成品尺寸

头围58cm×高度17cm

钩织密度

10cm见方17针×18行

钩织要点

- 主体用环编起针，钩30行花样钩织。29・30行更换钩织线颜色进行钩织。
- 帽檐部分边减针边钩织10行。
- 将用于帽檐反面的布缝到帽檐反面。
- 在帽檐上绣上雏菊绣。

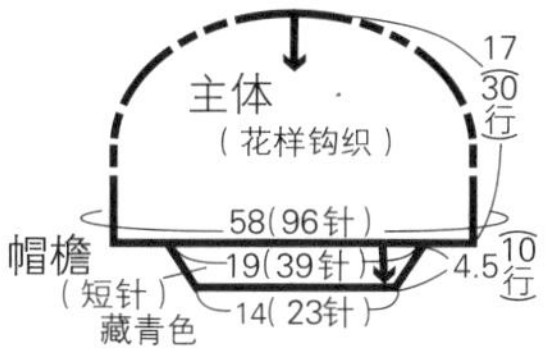

主体
（花样钩织）
17
30
行
58（96针）
帽檐
（短针）
藏青色
19（39针）
14（23针）
4.5
10
行

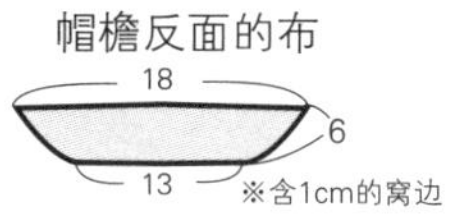

帽檐反面的布
18
6
13
※含1cm的窝边

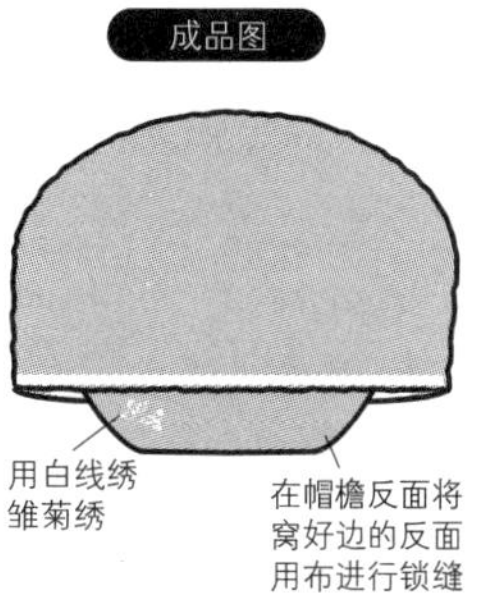

成品图
用白线绣
雏菊绣
在帽檐反面将
窝好边的反面
用布进行锁缝

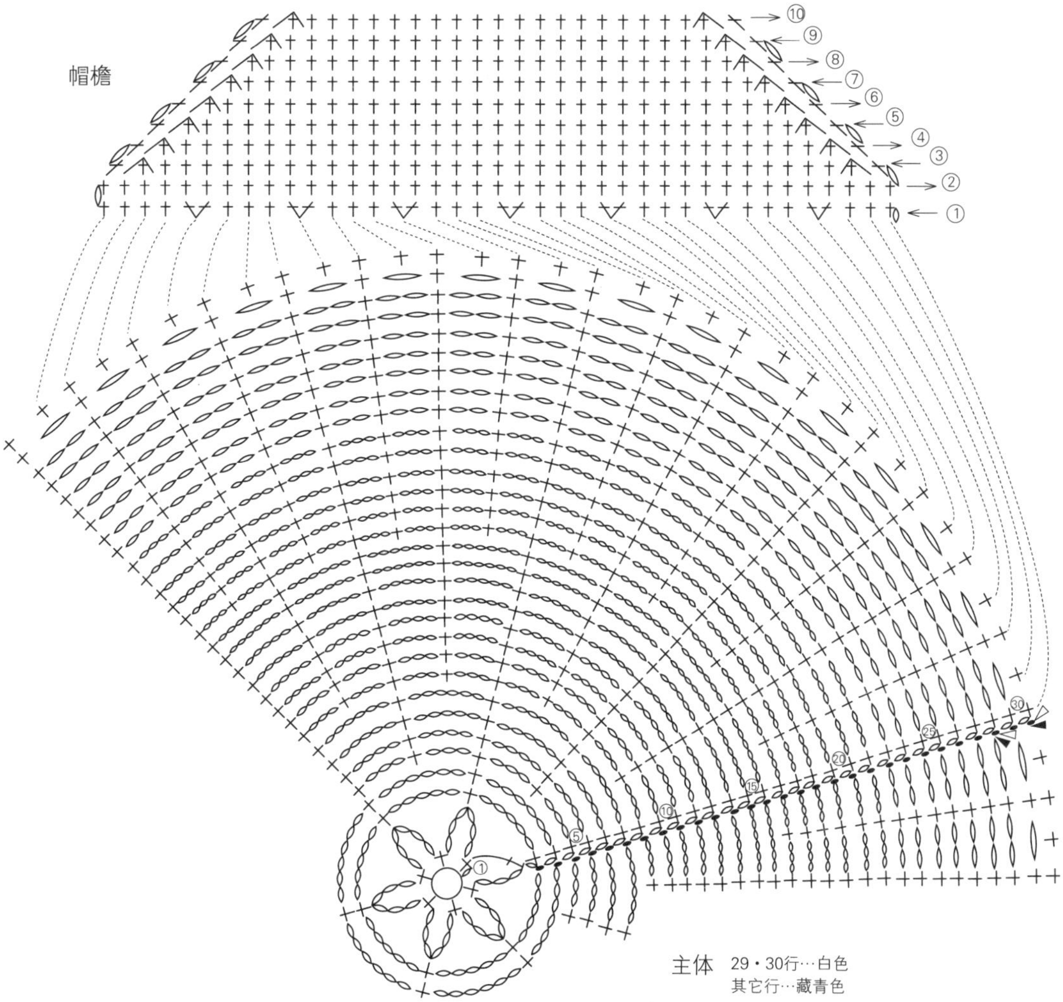

帽檐
⑩
⑨
⑧
⑦
⑥
⑤
④
③
②
①
㉚
㉕
⑳
⑮
⑩
⑤
①

主体　29・30行…白色
其它行…藏青色

带纽扣的鸭舌帽 photo P.54

用料与工具

极粗毛线　橙色140g　直径1.8cm的木制　纽扣1
个　7/0号钩针

成品尺寸

头围50cm×高度20cm

钩织要点

● 主体钩85针辫子针作为起针,围成环状后,边进
行分散加针分散减针边钩织13行花样。在剩下的
针脚处穿上线后拉紧。

● 在钩织开始的一侧钩3行短针。此时,第1行的
短针将辫子针挑成一束进行钩织。暂时放下手中的
线,使用新线一边挑起短针第3行的30针针脚一
边进行5针的加针操作构成35针,如此钩织6行钩
出帽檐。继续使用前3行短针所用的线进行一周的
缘编织。

● 缝上纽扣。

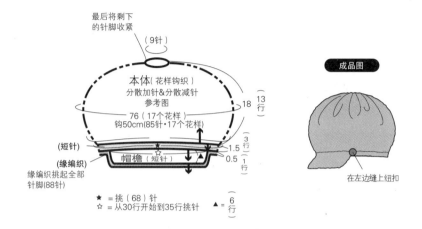

最后将剩下的针脚收紧

（9针）

本体（花样钩织）
分散加针&分散减针
参考图

76（17个花样）
钩50cm(85针·17个花样)

（短针）
帽檐　（短针）
（缘编织）
缘编织挑起全部
针脚(88针)

13行
18
3行（1行）
1.5
0.5

★ = 挑（68）针
☆ = 从30行开始到35行挑针
▲ = 6行

成品图

在左边缝上纽扣

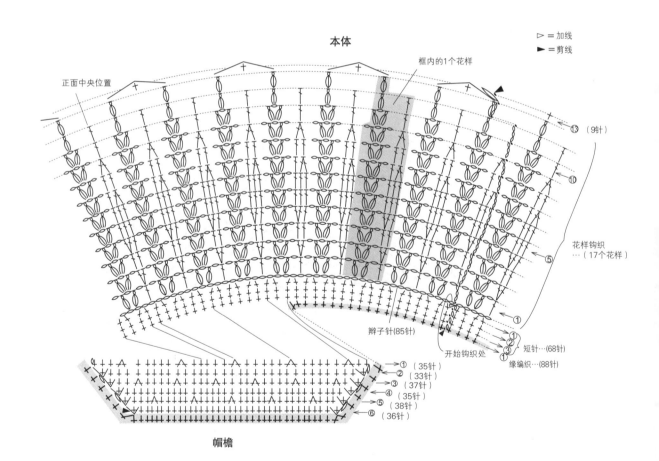

本体

▷ = 加线
► = 剪线

框内的1个花样

正面中央位置

13（9针）

⑩

花样钩织
…（17个花样）

⑤

①

辫子针(85针)

开始钩织处

短针…(68针)

缘编织…(88针)

① （35针）
② （33针）
③ （37针）
④ （35针）
⑤ （38针）
⑥ （36针）

帽檐

100

带花饰的鸭舌帽 photo P.55

用料与工具

DARUMAINGS 手织线　Cafe brown　茶色 (3)130g

直径1cm的木制串珠1个　5/0号钩针

成品尺寸

头围55cm×高17.5cm

钩织要点

◉ 主体用环编起针,钩13行花样钩织。

◉ 帽檐钩2块,钩织时半针半针进行挑针。帽檐部分
边加针边进行挑针,钩织10行。

◉ 在主体和帽檐四周钩1行缘编织。

◉ 装饰花用环编起针,钩3行。在中间穿上木制串珠。

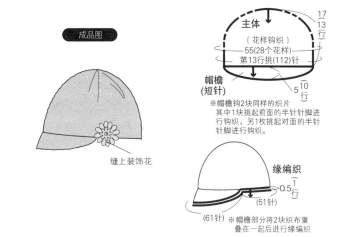

成品图

缝上装饰花

主体

（花样钩织）

55(28个花样)

第13行挑(112针)

帽檐
(短针)

※帽檐钩2块同样的织片
其中1块挑起前面的半针针脚进
行钩织,另1枚挑起对面的半针
针脚进行钩织

缘编织

0.5

1行

(51针)

(61针)

※帽檐部分将2块布重
叠在一起后进行缘编织

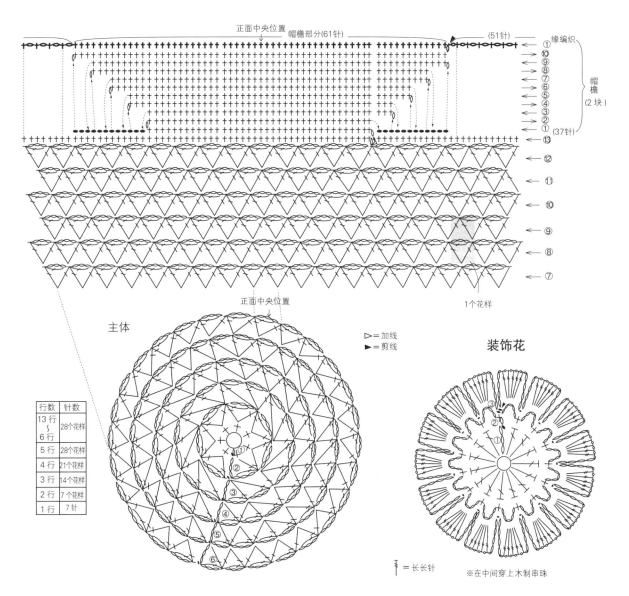

正面中央位置　帽檐部分(61针)　(51针)　缘编织

帽檐
(2块)

(37针)

正面中央位置

1个花样

主体

▷=加线
►=剪线

装饰花

行数	针数
13 行 ～ 6 行	28个花样
5 行	28个花样
4 行	21个花样
3 行	14个花样
2 行	7 个花样
1 行	7 针

= 长长针

※在中间穿上木制串珠

点状镂空贝雷帽 photo P.56

photo　P.56

用料与工具

PUPPY　cotton KONA　米灰色(64)90g　直径
13mm的纽扣1个　6/0号钩针

成品尺寸

头围53cm×高度25cm

钩织要点

● 主体用环编起针,参考图示边加针边钩织20行
花样。21行到25行边留出反面的开口部分边进行
来回钩织。不要剪掉线头,钩2行短针用于开口部分,
然后再钩5行缘编织同时钩出扣袢。

● 缝上纽扣。

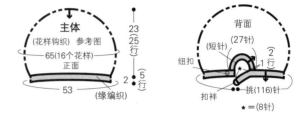

▷ = 加线
► = 剪线

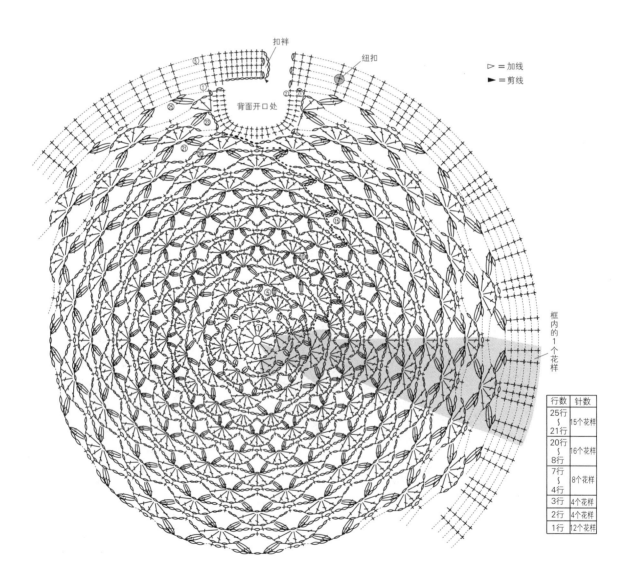

行数	针数
25行～21行	15个花样
20行～8行	16个花样
7行～4行	8个花样
3行	4个花样
2行	4个花样
1行	12个花样

粉红色褶边钟形帽 photo P.57

用料与工具

粉红色的中粗棉丝线 70g DARUMAINGS手织线 Cafe brown 象牙色(2)20g 直径6mm的木制串珠3个 别针1个6/0号钩针

成品尺寸

头围60cm×高22cm

钩织要点

◎ 帽子用环编起针,参考图示和指定配色进行花样钩织。

◎ 装饰花用环编起针钩织4行,钩织时注意第2行和第3行挑针的位置。参考图示将制作好的装饰花别在帽子上。

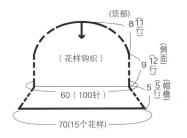

成品图

别上装饰花

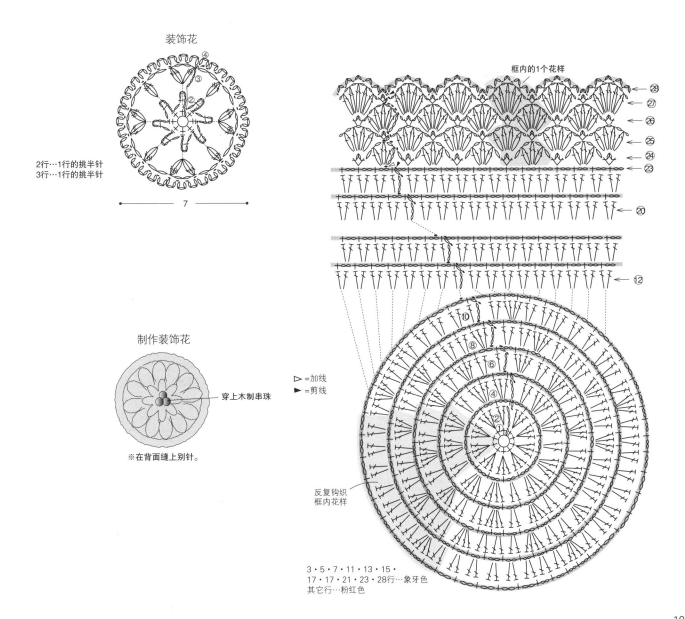

装饰花

2行…1行的挑半针
3行…1行的挑半针

7

制作装饰花

穿上木制串珠

※在背面缝上别针。

▷=加线
►=剪线

框内的1个花样

反复钩织框内花样

3・5・7・11・13・15・17・17・21・23・28行…象牙色
其它行…粉红色

暖腿袜 photo P.58

用料与工具

HAMANAKA Sonomono 粗花呢 灰色(75)120g、
白色(71)40g 直径10mm的木制串珠8个 宽
4mm的皮绳160cm 5/0号钩针

成品尺寸

宽14cm×长35cm

钩织密度

10cm见方花样钩织20针×10行

钩织要点

● 主体钩56针辫子针作为起针,围成环形。参考
图示边换线边钩34行花样。长针的枣形针钩得稍
微宽松一些。钩1行缘编织。

● 将皮绳穿到第32行,在绳子前端串2个木制串珠
然后打结。

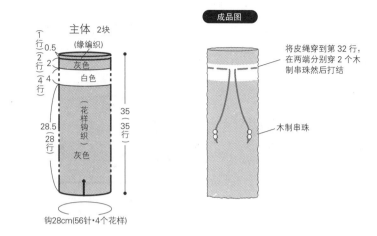

主体 2块

① 行 0.5 (缘编织)
② 行 2 灰色
④ 行 4 白色

(花样钩织)
35 (35行)

28.5 (28行)

灰色

钩28cm(56针·4个花样)

成品图

将皮绳穿到第32行,
在两端分别穿2个木
制串珠然后打结

木制串珠

▷ = 加线
► = 剪线

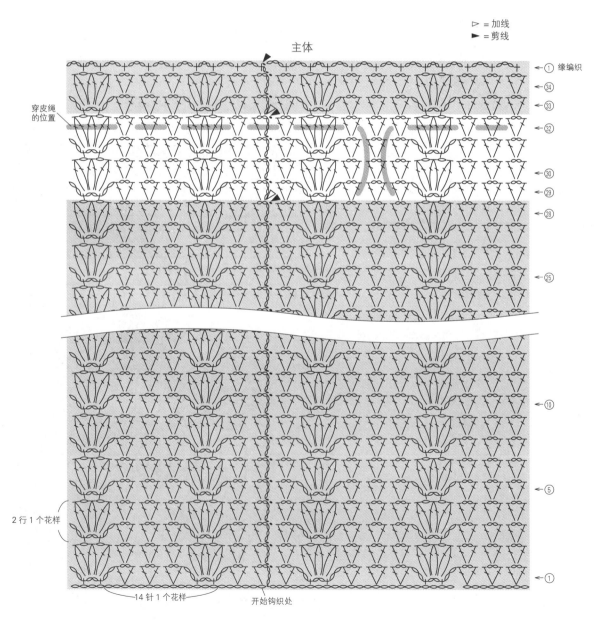

主体

穿皮绳
的位置

① 缘编织
㉞
㉝
㉜
㉚
㉙
㉘
㉕

⑩
⑤
①

2行1个花样

14针1个花样

开始钩织处

104

带饰边的室内鞋 photo P.59

用料与工具
中粗毛皮毛线 灰色26g HAMANAKA
HAMANAKA马海毛线 白色(61)2g 8/0号
4/0号钩针

成品尺寸
10cm×23cm

钩织要点
● 从脚背部分开始钩织。钩10针辫子针作为
起针,按照图示进行钩织。
● 钩38针辫子针作为起针,然后从脚背部分开
始钩短针进行挑针。
● 从第1针辫子针针脚处引拔,钩成环状。参考
图示一层一层进行钩织。
● 将脚尖和鞋后跟部分纵向对折,在底部进行
缝合。
● 钩织编绳,缝在鞋口处。

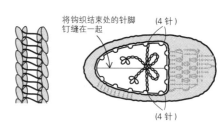

成品图

将钩织结束处的针脚 (4针)
钉缝在一起

(4针)

主体
(长针)
灰色 8/0号

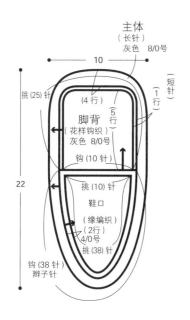

脚尖

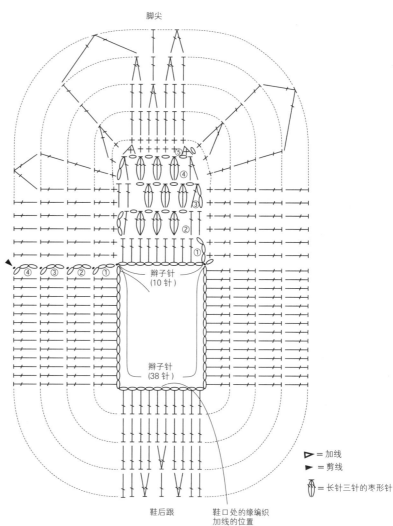

辫子针
(10针)

辫子针
(38针)

鞋后跟   鞋口处的缘编织
         加线的位置

▷ = 加线
► = 剪线
= 长针三针的枣形针

编绳 白色 4/0号 2根

辫子针
(45针)

鞋口处的缘编织 白色 4/0号

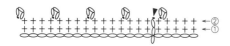

带鞋带的室内鞋 *photo P.59*

用料与工具

中粗毛线 淡茶色55g 浅驼色5g 直径18mm
的纽扣2个 直径10mm的纽扣6个 7/0号钩针

成品尺寸

12cm×22cm

钩织要点

● 从脚背部分开始钩织。钩15针辫子针作为起针,
钩6行花样钩织A。

● 然后钩42针辫子针作为起针,从脚背部分开始
钩短针进行挑针。从第1针辫子针的针脚处引拔,钩
成环状。参考图示钩8行花样钩织B。

● 将脚尖和鞋后跟部分纵向对折,在钩织行结束的
针脚处用卷缝拼接。

● 钩织鞋带,用卷缝拼接在主体上。

● 在鞋口和鞋带处钩1行缘编织。

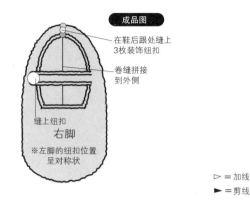

成品图

在鞋后跟处缝上
3枚装饰纽扣

卷缝拼接
到外侧

缝上纽扣

右脚

※左脚的纽扣位置
呈对称状

▷ =加线
► =剪线

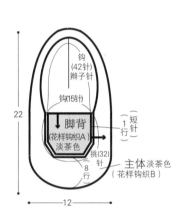

钩
(42针)
辫子针

钩(15针)

脚背
(花样钩织A)
淡茶色

(1行)短针

挑(32)针

主体淡茶色
(花样钩织B)

22

12

8行

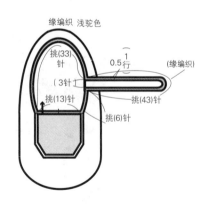

缘编织 浅驼色

挑(33)针

1
0.5行

(缘编织)

(3针)

挑(43)针

挑(13)针

挑(6)针

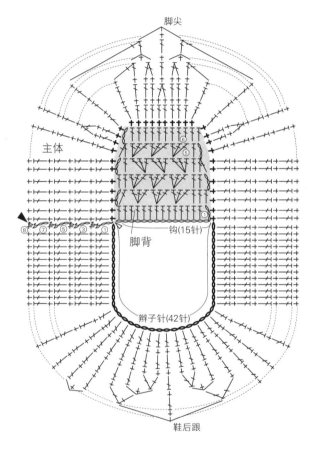

脚尖

主体

⑥
⑥

钩(15针)

脚背

⑧ ⑦ ⑥ ⑤ ③ ①

①

辫子针(42针)

鞋后跟

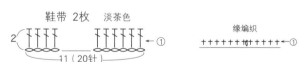

鞋带 2枚 淡茶色

2

←①

11(20针)

缘编织

+ + + + + + + 10 + + + + + + ←①

带蝴蝶结的暖手手套 photo P.60

用料与工具

中细羊毛线 橙色55g 5/0号钩针

成品尺寸

掌围9.5cm×14cm

❀ 主体钩33针辫子针为环编起针，从手指处开始进行花样钩织A。钩环编到11行，接下来的7行不钩环编，进行来回钩织。然后再钩6行环编。

❀ 从主体开始挑23针，边减针边钩大拇指。

❀ 用短针钩蝴蝶结，按照图示将其缝在手背处。

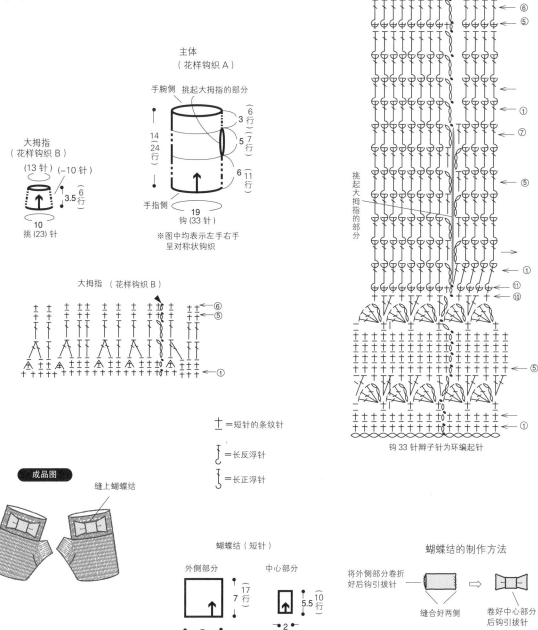

主体
（花样钩织A）

手腕侧 挑起大拇指的部分

手指侧

14/24行

19
钩（33针）

※图中均表示左手右手呈对称状钩织

大拇指
（花样钩织B）

（13针）（−10针）

3.5 ⌒6行⌘

10
挑（23）针

大拇指 （花样钩织B）

主体（花样钩织A）

挑起大拇指的部分

钩33针辫子针为环编起针

┼ ＝短针的条纹针

长反浮针

长正浮针

成品图

缝上蝴蝶结

蝴蝶结（短针）

外侧部分

⌒17行⌘
7

7
钩（15针）

中心部分

5.5 ⌒10行⌘

2
钩（15针）

蝴蝶结的制作方法

将外侧部分卷折好后钩引拔针

缝合好两侧

卷好中心部分后钩引拔针

圆乎乎的暖手手套 photo P.61

用料与工具

粗马海毛线　粉红色31g　米色4g　直径1.5cm的
木制纽扣2个　5/0号钩针

成品尺寸

掌围18.5cm 长15.5cm

钩织要点

● 主体钩30针辫子针为环编起针,按照图示钩8行
花样钩织A。接下来进行花样钩织B,第9～14行
进行来回钩织,同时留出大拇指的洞洞。15～21行
钩环编,换线后再钩2行缘编织。

● 参考图示,从大拇指的洞洞处开始挑22针,钩6
行花样钩织C。

● 在手腕处缝上装饰纽扣。

大拇指（花样钩织C）

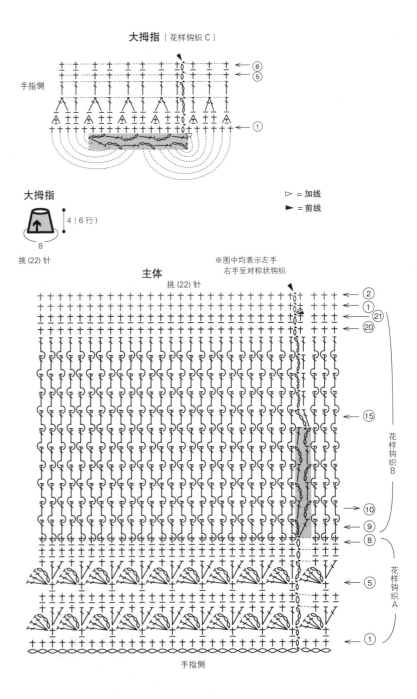

手指侧

主体

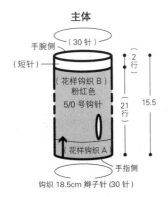

手腕侧

（30针）

（短针）

（花样钩织B）
粉红色
5/0号钩针

2行

21行

15.5

花样钩织A

手指侧

钩织18.5cm 辫子针(30针)

大拇指

4（6行）

8

挑(22)针

▷ = 加线

► = 剪线

成品图

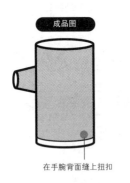

在手腕背面缝上扭扣

主体

※图中均表示左手
右手呈对称状钩织

挑(22)针

花样钩织B

花样钩织A

手指侧

108

带绒球的暖手手套

带绒球的暖手手套 photo P.61

用料与工具

中粗毛线　薄荷绿40g、白色5g、粉色、紫色各15g

8/0 号、10/0 号钩针

成品尺寸

掌围18cm×17.5cm

钩织要点

● 主体钩27针辫子针为环编起针,钩织条纹花样使之围成环形。钩织12行后在下1行钩7针辫子针为大拇指留孔,然后钩到最后。

● 用粉红色和紫色钩织线制作绒球,将其缝在手腕上。

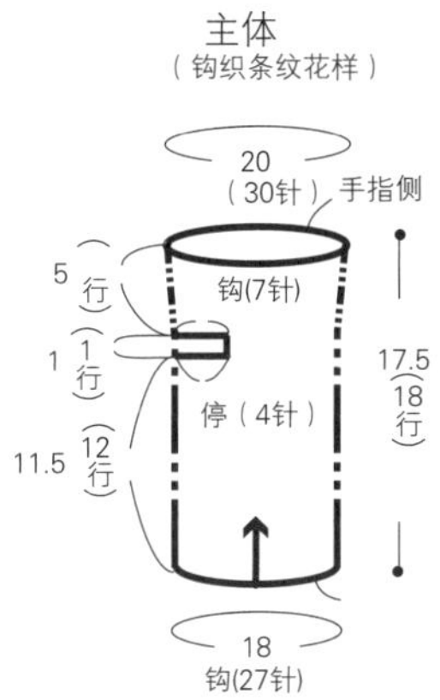

主体　图示均表示左手
右手呈对称状钩织

主体
（钩织条纹花样）

20
（30针）手指侧

5（行）

钩(7针)

1（1行）

停（4针）

17.5
18（行）

11.5

12（行）

18
钩(27针)

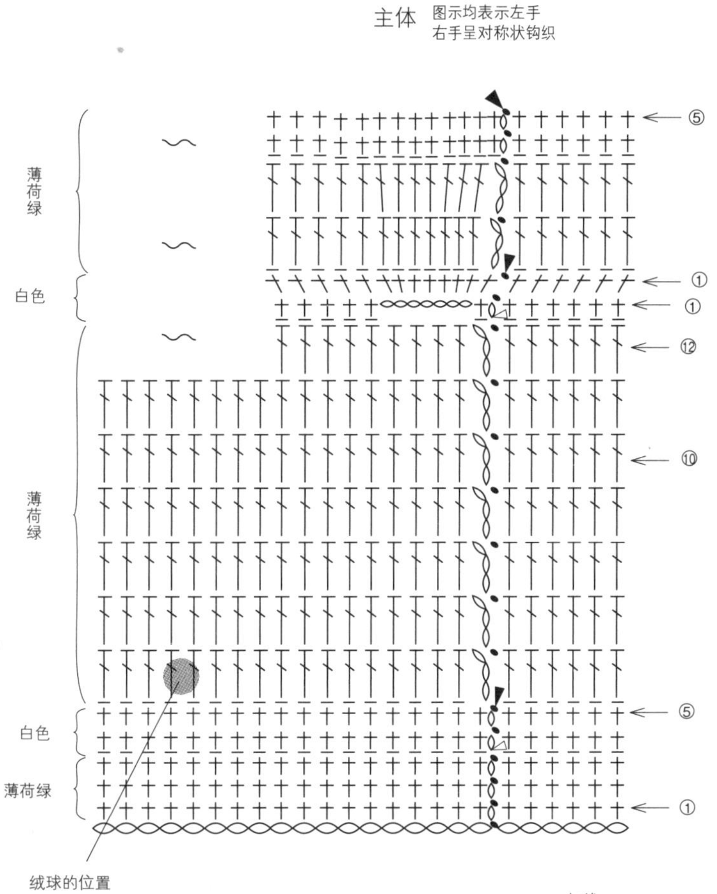

薄荷绿

白色

薄荷绿

白色

薄荷绿

⑤

①

①

⑫

⑩

⑤

①

※只有起针使用10/0号钩针,除此之外均使用8/0号钩针进行钩织

绒球的位置

绒球

4.5

粉红色、紫色
各2个

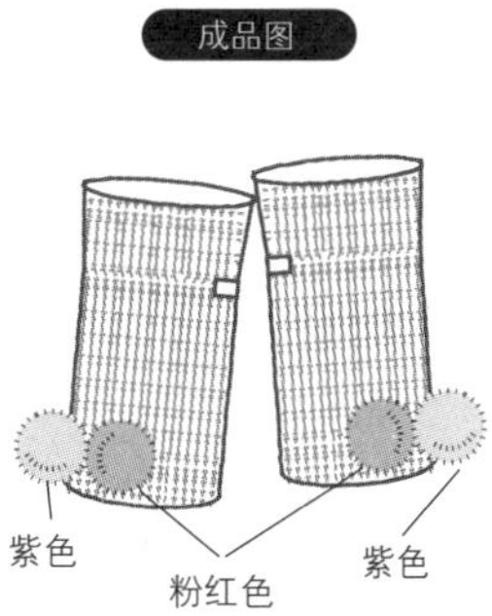

成品图

紫色　　粉红色　　紫色

▷ = 加线

► = 剪线

$\ddagger$ = 长针的条纹针

$+$ = 短针的条纹针

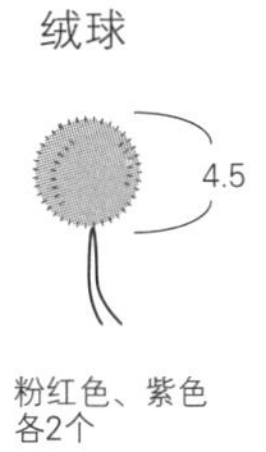

109

主题图案包包、迷你包包 photo P.62

photo P.62

用料与工具

主题图案包包：HAMANAKA Field 蓝色(5) 90g
Exceed Wool L中粗 淡鲑肉色(307)10g、深鲑肉
色(308)10g、橄榄色(321)25g、玫瑰色(336)30g
5/0号钩针

迷你包包：HAMANAKA Field 蓝色(5) 20g
Exceed Wool L中粗 淡鲑肉色(307)1g、深鲑肉色
(308)1g、橄榄色(321)3g、玫瑰色(336)4g 5/0号
钩针

成品尺寸

包包：
宽30cm×高31.5cm(不含提手)
迷你包包：
宽11.5cm×高11.5cm(不含提手)

钩织要点

主题图案包包：
◎ 主体部分用主题图案拼接进行钩织。第1块钩织
主题图案A，首先用环编起针，然后参考图示边更换
钩织线颜色边钩4行。第2块钩织主题图案B，钩织
到第4行时边拼接主题图案边进行钩织。第3块之
后也是在第4行边拼接主题图案边钩织，参考图示
共拼接52枚主题图案。在开口处用短针钩织5行。
◎ 提手部分钩80针辫子针作为起针，然后再钩12
行短针。将其折成三折，用卷缝进行固定。
◎ 在主体内侧缝上提手。

迷你包包：
◎ 主体部分与主题图案包包相同，将主题图案进行
拼接，参考图示共拼接4块。在主题图案四周钩2行
短针。钩2块这种状态的织片，将织片正面朝外重合，
用半针卷缝拼接除开口处以外的三边。
◎ 提手部分钩40针辫子针作为起针，然后再钩3
行短针。
◎ 在主体内侧缝上提手。

※主题图案包包、迷你包包的
主题图案相同

主题图案

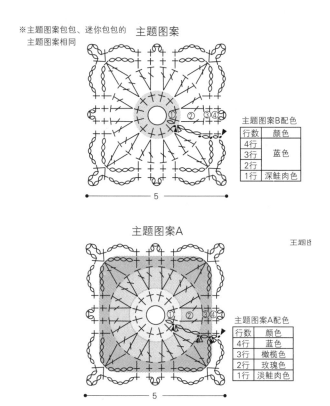

主题图案B配色

行数	颜色
4行	
3行	蓝色
2行	
1行	深鲑肉色

主题图案A

王题图

主题图案A配色

行数	颜色
4行	蓝色
3行	橄榄色
2行	玫瑰色
1行	淡鲑肉色

主题图案A 　　 主题图案B
4块 　　　　　 4块

迷你包包主体

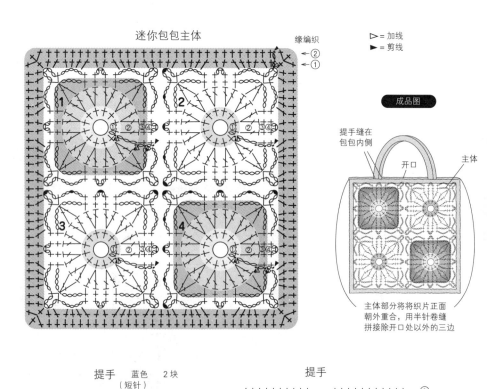

迷你包包主体
2块

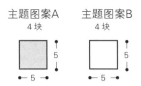
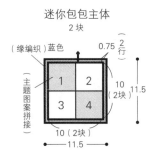

缘编织

▷ = 加线
► = 剪线

成品图

提手缝在
包包内侧

开口

主体

主体部分将织片正面
朝外重合，用半针卷缝
拼接除开口处以外的三边

提手 蓝色 2块
(短针)

13(40针)
1.2 ③行

提手

40针
③①

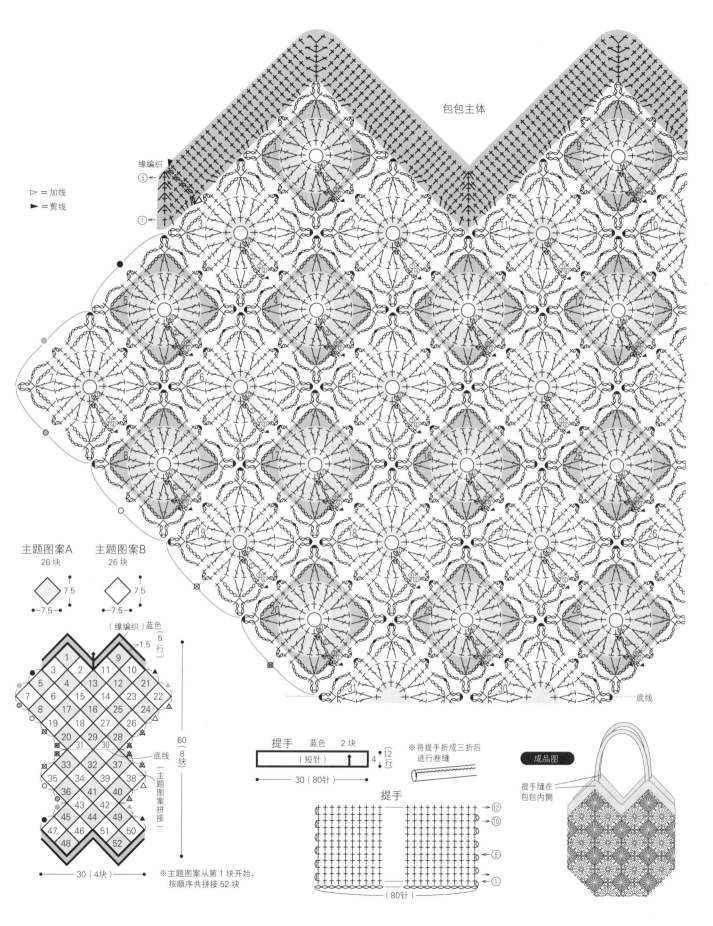

包包主体

缘编织
⑤←
①←

▷ =加线
► =剪线

主题图案A
26 块

主题图案B
26 块

7.5

7.5

7.5

7.5

（缘编织）蓝色
（5行）

1.5

1		9	
3	2	11	10
5	4	13	12	21
7	6	15	14	23	22
8	17	16	25	24
19	18	27	26
20	29	28
31	30
33	32	37
35	34	39	38
36	41	40
43	42
45	44	49
47	46	51	50
48		52

60
（8块）

底线

（主题图案拼接）

30（4块）

※主题图案从第1块开始，
按顺序共拼接52块

底线

提手　蓝色　2块

（短针）

30（80针）

4
12
行

※将提手折成三折后
进行卷缝

提手

→⑫
→⑩

⑤
①

（80针）

成品图

提手缝在
包包内侧

111

褶边手提包 *photo P.66*

用料与工具
中细棉线　浅驼色360g　直径16cm的竹提手1套
喜欢的带子　花边带子各适量　7/0号钩针

成品尺寸
35cm×25cm(不含提手)

钩织要点
◉ 底部钩30针辫子针作为起针,挑起辫子针的整个针脚,参考图示钩5行长针。然后侧面钩长针钩到22行。从23行开始分成两部分分别进行来回钩织,一直钩到29行。
◉ 在主体第10到11行之间,15行到16行之间以及19行到20之间这三个位置上从上开始钩织褶边。
◉ 在喜欢的位置上穿好带子和花边带子,打成蝴蝶结。

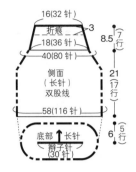

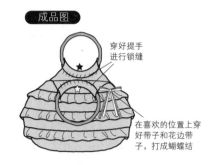

成品图

穿好提手进行锁缝

在喜欢的位置上穿好带子和花边带子,打成蝴蝶结

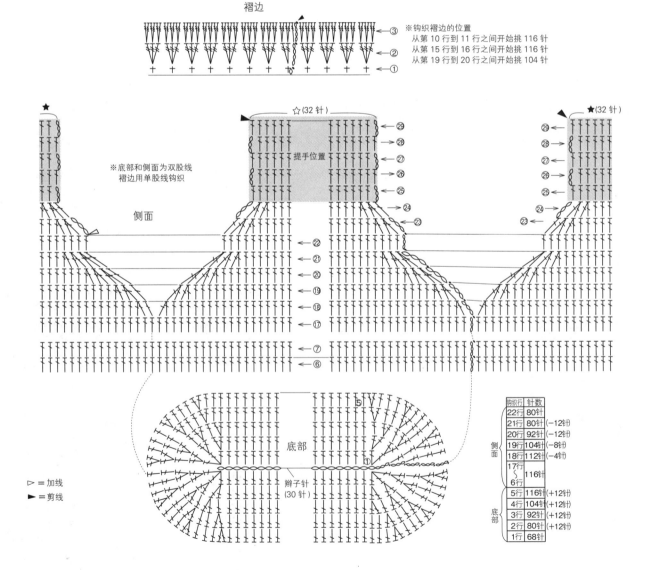

褶边

※钩织褶边的位置
从第10行到11行之间开始挑116针
从第15行到16行之间开始挑116针
从第19行到20行之间开始挑104针

※底部和侧面为双股线
褶边用单股线钩织

侧面

提手位置

底部

辫子针(30针)

▷ = 加线
► = 剪线

钩织行	针数
22行	80针
21行	80针(-12针)
20行	92针(-12针)
19行	104针(-8针)
18行	112针(-4针)
17行～6行	116针
5行	116针(+12针)
4行	104针(+12针)
3行	92针(+12针)
2行	80针(+12针)
1行	68针

拉绳小包 photo P.67

用料与工具

中细棉线　粉红色50g、黑色10g　1.8cm宽的花边
40cm　4/0号钩针

成品尺寸

22cm×16cm(不含提手)

钩织要点

● 底部用环编起针,按照图示钩15行短针。

● 侧面用粉红色线钩59针辫子针为环编起针,按照图示进行28行花样钩织。然后用黑色线钩3行长针。先不要剪断线头。

● 参考拉绳小包的制作方法,将各个部件组合到一起。

● 从侧面的编织行结束处开始进行缘编织,另一侧加线进行钩织。

● 钩织提手和编绳,参考成品图进行组合。

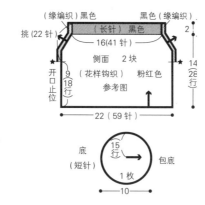

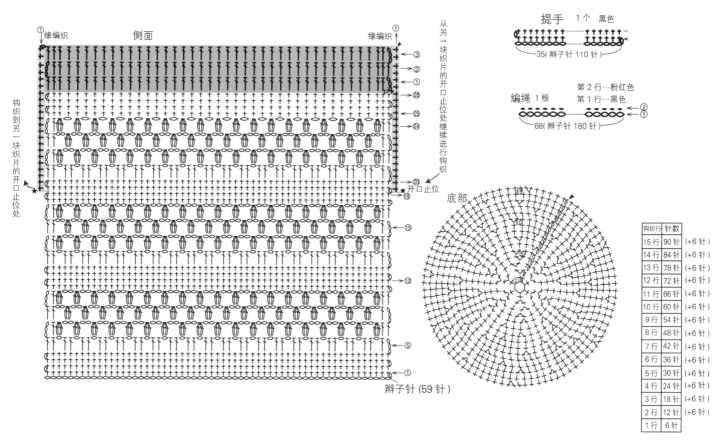

钩织行	针数
15行	90针 (+6针)
14行	84针 (+6针)
13行	78针 (+6针)
12行	72针 (+6针)
11行	66针 (+6针)
10行	60针 (+6针)
9行	54针 (+6针)
8行	48针 (+6针)
7行	42针 (+6针)
6行	36针 (+6针)
5行	30针 (+6针)
4行	24针 (+6针)
3行	18针 (+6针)
2行	12针 (+6针)
1行	6针

拉绳小包的制作方法

①缝好侧面的折缝

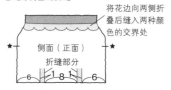

②将侧面的两块织片正面朝里重合,用引拔针缝开口止位下面的部分,然后将侧面与底部正面朝里重合并用引拔针钉缝。

③将包包翻到正面,然后在两侧各钩织1行缘编织

113

主题图案复古包 photo P.67

用料与工具

蚕丝羊毛线　橙色60g、浅驼色12g　直径2.5cm
的纽扣1个　6号钩针

成品尺寸

30cm×28.5cm

钩织要点

◎ 主体用环编起针,然后钩织主题图案,从第2块开始在第4行边用引拔针拼接边进行钩织。

◎ 参考图示,在开口处钩短针。

◎ 提手用花样钩织钩44行。将各个剪口分别进行缝合。

◎ 钩织扣鼻,然后缝在包包上。

◎ 缝上纽扣。

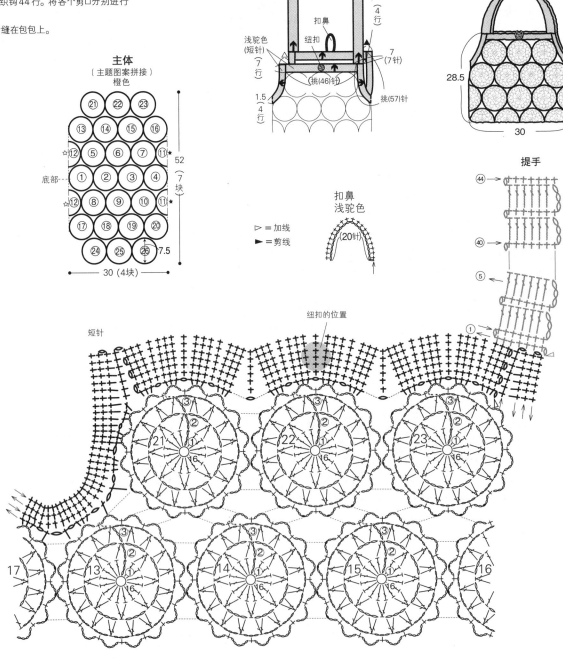

主体
（主题图案拼接）
橙色

底部--

30（4块）

52（7块）

7.5

扣鼻
浅驼色

（20针）

▷ ＝加线
► ＝剪线

成品图

28.5

30

提手

短针

纽扣的位置

提手

手机套 photo P.68

用料与工具
黄白色腈纶麻混纺细线 20g　6mm 宽的缎带 80cm
7mm 宽的花边带子 60cm　0 号花边针

成品尺寸
8.5cm×13.5cm

钩织密度
10cm 见方花样钩织 30 针×15 行

钩织要点
● 主体钩 52 针辫子针作为起针，然后用花样钩织钩 20 行。
● 主体☆号部分和★号部分分别正面朝里重合进行引拔针拼接。
● 将缎带和花边带子重合后穿入第 18 行。

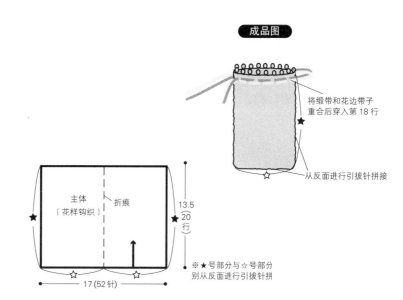

成品图

将缎带和花边带子重合后穿入第 18 行

从反面进行引拔针拼接

主体（花样钩织）

折痕

13.5 / 20 行

17（52 针）

※★号部分与☆号部分别从反面进行引拔针拼

主体

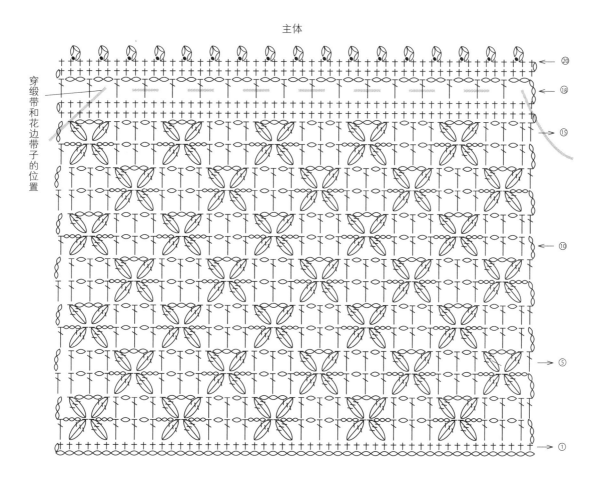

穿缎带和花边带子的位置

115

零钱包 photo P.68

用料与工具
Olympus Wafers 原色(2)20g 7.5cm的金属卡
口1个 3/0号钩针

成品尺寸
11cm×9.5cm(不包括金属卡口)

钩织要点
● 主体钩24针辫子针作为起针,按照图示用花样
钩织钩14行。然后分两部分分别来回钩织5行。
● 在主体★的部分缝上金属卡口。

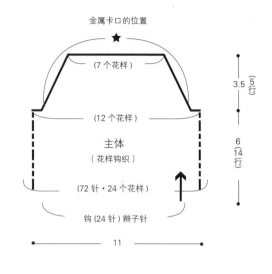

金属卡口的位置

★

(7 个花样)

(12 个花样)

主体
(花样钩织)

(72 针·24 个花样)

钩 (24 针) 辫子针

3.5 ⁵⁄₅ 行

6 ¹⁴⁄₁₄ 行

11

成品图

将金属卡口
缝在主体
★的部分上

▷ =加线
► =剪线

=长针二针和一针交叉
跳过上一行的 2 针短针,
钩织长针,然后再回到第 1
针钩 2 针长针。

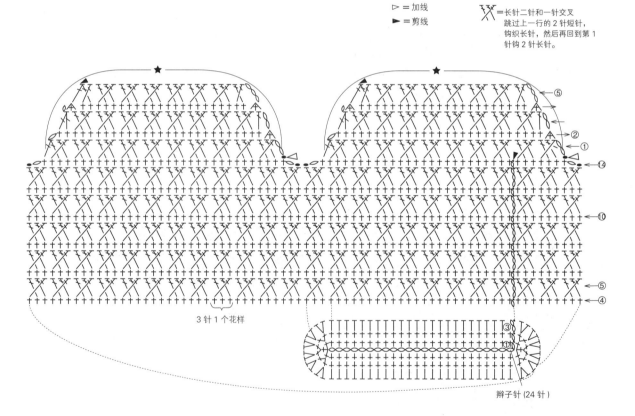

3 针 1 个花样

辫子针 (24 针)

116

挎包 photo P.71

用料与工具

HAMANAKA FluxS (斯拉夫线) 浅驼色(21)90g
Paume 棉麻线 白色(201)10g、浅驼色(202)少量
直径2cm的纽扣1个 5/0号钩针

成品尺寸

25cm×17cm (不含提手)

钩织要点

● 主体钩39针辫子针作为起针,然后按照图示钩织正面、底部、背面和盖子的部分。在两侧衬料上面的位置加钱,钩织2个提手。

● 将主体正面朝上,用引拔针拼接各个剪口。

● 按照图示钩织编绳。

● 正面缝上纽扣,然后将打成蝴蝶结的边绳缝在盖子上。

成品图

17

缝上纽扣

25

将编绳系成蝴蝶结,
然后缝在盖子第9行
的中间位置上

绳子

40辫子针 (100针)

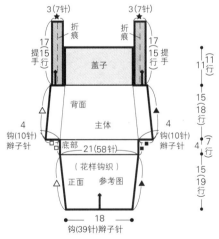

3(7针)   3(7针)

折痕   折痕

17   17
15   15
(行)   (行)
提手   提手

盖子

背面

主体

4   4
钩(10针)   钩(10针)
辫子针   辫子针

底部   21(58针)

(花样钩织)

正面   参考图

18

钩(39针)辫子针

11(11行)

15(18行)

4(7行)

15(19行)

※主体只有盖子的第8~11行用白色钩织线钩织
其他行均使用浅驼色FluxS钩织

※用引拔针拼接各个剪口

※提手处将带★号的位置用引拔针拼接进行连结,折出折痕,用短针将边缘缝好。

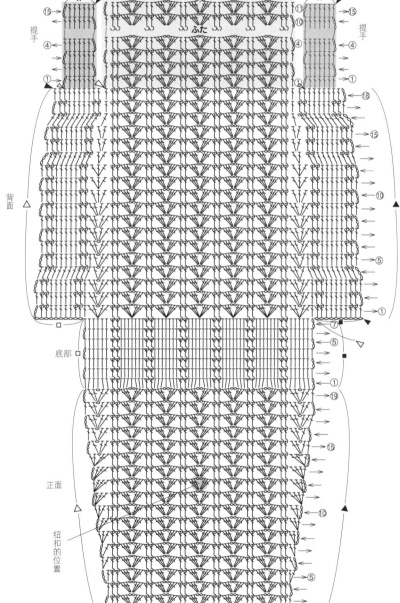

扣眼

提手   ふた   提手

背面

底部

正面

纽扣的位置

辫子针(39针)

短针钩织的菜篮包 *photo P.69*

用料与工具

Olympus　MAKE MAKE PARFAIT　象牙色
(201)60g、粉色混合线(202)30g　浓茶色(209)10g
8/0 号、5/0 号钩针

成品尺寸

24cm×18cm(不含提手)

钩织要点

●用环编起针,参考图示边更换钩织线颜色边钩29
行。

●31行~ 33行边制作提手边进行钩织。

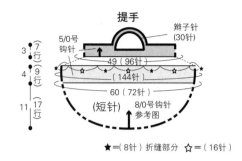

提手

5/0号
钩针

辫子针(30针)

3 ⎰7行⎱

4 ⎰9行⎱

11 ⎰17行⎱

49（96针）

（144针）

60（72针）

(短针)　8/0号钩针
参考图

★＝(8针) 折缝部分　☆＝(16针)

行数	针数	
33行	96针	浓茶色
⎰		
38行		
27行	96针	
26行	144针	粉色混合线
19行		
18行	144针	
17行	72针	
⎰		
13行		
12行	72针	(+6针)
11行	60针	(+6针)
10行	60针	(+6针)
9行	54针	(+6针)
8行	48针	(+6针)
7行	42针	(+6针)
6行	36针	(+6针)
5行	30针	(+6针)
4行	24针	(+6针)
3行	18针	(+6针)
2行	12针	(+6针)
1行	6针	

5/0号
钩针

8/0号
钩针

象牙色
（双股线）

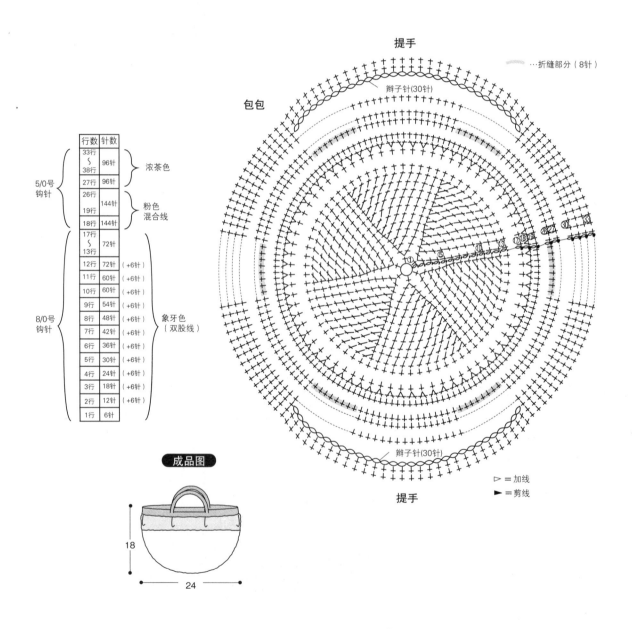

提手

…折缝部分（8针）

包包

辫子针(30针)

辫子针(30针)

提手

▷＝加线

►＝剪线

成品图

18

24

彩色拉绳小包 *photo P.71*

用料与工具
中细棉线　黄绿色25g、白色10g、粉红色10g
2mm宽的编绳80cm　4/0号钩针

成品尺寸
14cm×13cm(不含提手)

钩织要点
● 主体用环编起针,按照图示钩14行短针。然后边更换钩织线颜色边用花样钩织钩9行。
● 花朵图案钩6针辫子针作为起针,然后按照图示进行钩织。
● 将编绳从相应的位置穿过,并在编绳的一侧穿上3个花朵主题图案。

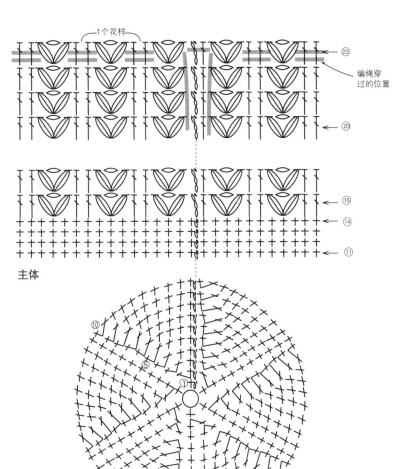

主体

＝ 中长针三针的枣形针

行数	针数	
23行 〜 15行	12个 花样	
14行 〜 11行	60针	
10行	60针	(+6针)
9行	54针	(+6针)
8行	48针	(+6针)
7行	42针	(+6针)
6行	36针	(+6针)
5行	30针	(+6针)
4行	24针	(+6针)
3行	18针	(+6针)
2行	12针	(+6针)
1行	6针	

配色

行数	配色
23行	黄绿色
22行	白色
21行	粉红色
20行	黄绿色
19行	白色
18行	粉红色
17行	黄绿色
16行	白色
15行	粉红色
14行 〜 1行	黄绿色

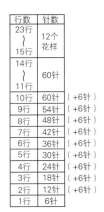

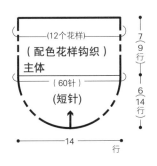

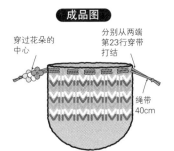

成品图

穿过花朵的中心

分别从两端第23行穿带打结

绳带40cm

花朵主题图案
黄绿色·白色·粉红色
各1块

119

小花朵手环 photo P.74

用料与工具

中细段染线 粉色混合线10g、绿色混合线10g、中
细棉线 芥末色5g 橙色5g 绿色5g绳夹2个 直
径5mm的圆环2个 搭扣1套 3/0号钩针

成品尺寸

长18cm(不含搭扣)

钩织要点

● 花朵主题图案用环编起针,按照图示钩3行。根
据需要,钩织不同颜色不同数量的花朵主题图案。

● 叶子主题图案钩10针辫子针作为起针,然后钩1
行。

● 用辫子针钩2根18cm的编绳。

● 在编绳两侧装上绳夹、圆环和搭扣。

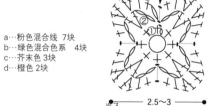

a…粉色混合线 7块
b…绿色混合色系 4块
c…芥末色 3块
d…橙色 2块

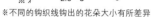

←ォ 2.5～3

※不同的钩织线钩出的花朵大小有所差异

叶子主题图案

绿色6块

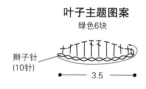

辫子针
(10针)

←── 3.5 ──→

成品图

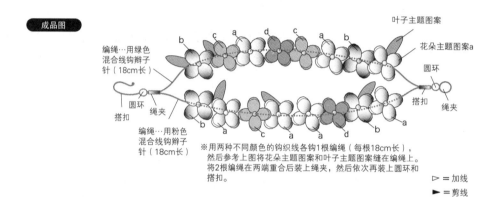

编绳…用绿色
混合线钩辫子
针（18cm长）

圆环
搭扣

绳夹

编绳…用粉色
混合线钩辫子
针（18cm长）

叶子主题图案

花朵主题图案a

圆环

搭扣 绳夹

※用两种不同颜色的钩织线各钩1根编绳（每根18cm长）,
然后参考上图将花朵主题图案和叶子主题图案缝在编绳上。
将2根编绳在两端重合后装上绳夹,然后依次再装上圆环和
搭扣。

▷ = 加线
► = 剪线

蝴蝶结戒指 photo P.75

用料与工具

中细棉线 粉红色(16)少量 带子用的棉线 深粉
色约20cm 4号花边针

成品尺寸

直径约2.5cm

钩织要点

● 钩8针辫子针作为起针,围成环状后进行花样钩
织。

● 钩织4行后在中间穿线,打成蝴蝶结后进行整理。

成品图

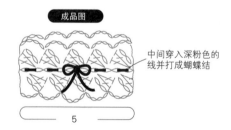

中间穿入深粉色的
线并打成蝴蝶结

←── 5 ──→

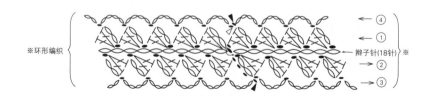

※环形编织

← ④
← ①
辫子针(18针)※
→ ②
→ ③

两枚花朵的发绳 photo P.75

用料与工具

发绳A

中细麻线　粉红色5g　直径14mm的串珠1个　发绳20cm　直径12mm的核桃纽扣1个　18mm宽的亚麻花边10cm　10mm宽的亚麻带子10cm　麻布6cm×5cm　绢网花边5cm　4/0号钩针

发绳B

中细棉线　粉红色5g,紫色4g、黄色、淡粉色、黄绿色、蓝绿色各少量　直径4.5cm的圆皮筋1个　5/0号钩针

成品尺寸

参考图

钩织要点

发绳A

● 大花、小花和基底用环编起针,按照图示分别钩织然后整理好。

发绳B

● 大花、小花用环编起针,按照图示分别进行钩织。此时,边换线边进行钩织。

● 参考成品图进行组合。

大花　发绳A…1枚
　　　发绳B…1枚

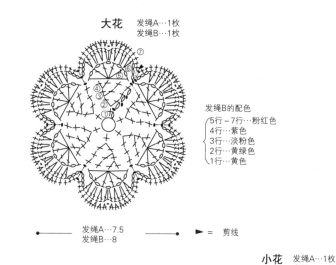

发绳B的配色
5行～7行…粉红色
4行…紫色
3行…淡粉色
2行…黄绿色
1行…黄色

发绳A…7.5
发绳B…8
　► = 剪线

小花　发绳A…1枚
　　　发绳B…1枚

发绳的配色
3行～5行…紫色
2行…蓝绿色
1行…黄绿色

发绳A…5.5
发绳B…6.5

基底　发绳A…1枚

发绳A…2.5

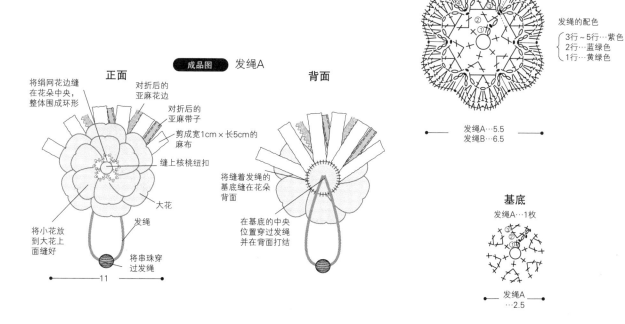

成品图 发绳A

正面

将绢网花边缝在花朵中央,整体围成环形

对折后的亚麻花边

对折后的亚麻带子

剪成宽1cm×长5cm的麻布

缝上核桃纽扣

大花

发绳

将小花放到大花上面缝好

将串珠穿过发绳

—11—

背面

将缝着发绳的基底缝在花朵背面

在基底的中央位置穿过发绳并在背面打结

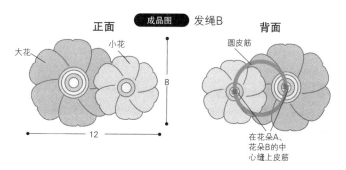

正面 **成品图** 发绳B 背面

大花

小花

圆皮筋

在花朵A、花朵B的中心缝上皮筋

—12—

8

121

双层花瓣的发绳　photo P.75

用料与工具
粉红色细麻线10g　玫瑰色10g　苔绿色5g　直径1.2cm的纽扣各2个
发绳各20cm　2/0号钩针

成品尺寸
长度约为10cm

钩织要点
● 花朵用环编起针,按照图示钩3行。
● 花萼也用环编起针,然后钩2行。
● 在花朵中心缝上纽扣,然后将花萼缝在花朵背面。制做2枚这样的花朵,在花萼中心穿入发绳后整理好。

花朵　A…粉红色 ｝各2块
　　　B…玫瑰色

花萼　苔绿色　各2块

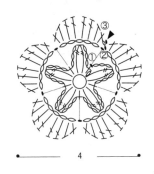

▷ = 加线
► = 剪线

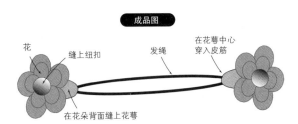

成品图

花
缝上纽扣
发绳
在花萼中心穿入皮筋
在花朵背面缝上花萼

玫瑰花耳环　photo P.76

用料与工具
细麻线　粉红色5g　极细棉麻斯拉夫线　嫩芽绿5g　圆环2个　耳环金属配件1套　2/0号钩针

成品尺寸
约3cm

钩织要点
● 玫瑰花钩13针辫子针作为起针,然后按照图示用花样钩织钩1行。卷起织片做成玫瑰花形状,然后缝好固定。
● 花萼用环编起针,然后钩3行。钩织叶子,然后固定在花萼上。
● 花蕾用环编起针后钩织4行,在最后一行的引拔针处再钩5针辫子针。
● 在玫瑰花背面先后缝上花蕾和花萼,然后装上耳环金属配件。

▷ = 加线
► = 剪线

叶子
嫩芽绿2块
辫子针（4针）
※用钩针结束时剩下的线头缝在花萼上
①

花蕾　2块　1·2行　粉红色
　　　　　　3·4行　嫩芽绿色双股线

※钩织结束处留下少许线头,剪断多余部分
（5针）

花萼　嫩芽绿双股线 2块

玫瑰花　粉红色2块

花朵内侧
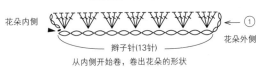
① →
辫子针(13针)
花朵外侧
从内侧开始卷,卷出花朵的形状

玫瑰花的背面
在玫瑰花背面缝上花蕾

玫瑰花的背面
花萼
将带有叶子的花萼缝在玫瑰花背面

圆环
3
在玫瑰花上部装上圆环,然后再装上耳环金属配件

玫瑰花手环 *photo P.76*

用料与工具

细麻线　粉红色10g　极细棉麻斯拉夫线　嫩芽绿
5g　直径4mm的串珠 1个　直径8mm的串珠 1个
毛毡适量　2/0号钩针

成品尺寸

长度20cm

● 玫瑰花用粉色线钩19针作为起针，按照图示钩2
行。卷起织片做成玫瑰花形状，然后缝好固定。

● 玫瑰花用嫩芽绿色线钩55针作为起针，按照图
示钩1行。

● 玫瑰花、花蕾的花萼用嫩芽绿色线为环编起针，
然后根据需要钩织一定数量的行数。

● 花蕾的花瓣用粉红色线为环编起针并钩织2行。

● 叶子用嫩芽绿色线按照图示钩11行。

● 将花蕾的花瓣放入花蕾的花萼中，摆好形状后缝
好固定。做出1大1小两个这样的花蕾。

● 将花萼缝在玫瑰花上。

● 在带子中央缝上叶子，然后在上面缝好玫瑰花、
大花蕾和小花蕾。

● 珠子背面放上毛毡，缝在带子上。

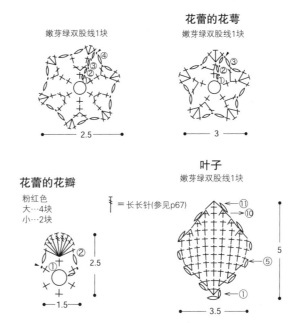

花蕾的花萼
嫩芽绿双股线1块

嫩芽绿双股线1块
2.5

3

花蕾的花瓣
粉红色
大…4块
小…2块
1.5
2.5

叶子
嫩芽绿双股线1块
＝长长针(参见p67)
3.5
5

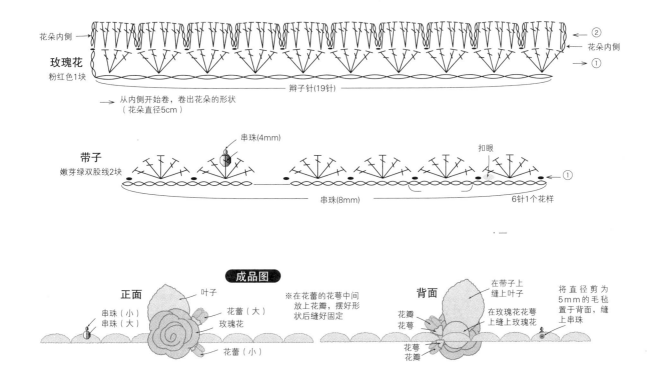

玫瑰花
粉红色1块

花朵内侧
花朵内侧
②
①

辫子针(19针)

从内侧开始卷，卷出花朵的形状
（花朵直径5cm）

带子
嫩芽绿双股线2块

串珠(4mm)
扣眼
①
串珠(8mm)
6针1个花样

成品图

正面
串珠（小）
串珠（大）
叶子
花蕾（大）
玫瑰花
花蕾（小）

※在花蕾的花萼中间
放上花瓣，摆好形
状后缝好固定

背面
在带子上
缝上叶子
在玫瑰花花萼
上缝上玫瑰花
花瓣
花萼
花萼
花瓣

将直径剪为
5mm的毛毡
置于背面，缝
上串珠

玫瑰花图案的装饰物 photo P.76

用料与工具

细麻线 粉红色7g 极细棉麻斯拉夫线 嫩芽绿
5g 别针1个 2/0号钩针

成品尺寸

65cm×52cm

钩织要点

● 花朵用粉红色线钩23针辫子针作为起针,按照图示钩2行。卷起织片做成花朵形状,然后缝好固定。

● 带子用嫩芽绿色线钩131针辫子针作为起针,然后按照图示在两侧分别钩1行,每行13针。

● 花萼用嫩芽绿色线为环编起针,然后钩4行。

● 在花朵背面缝上带子后,再在上面缝上花萼,最后缝上别针。

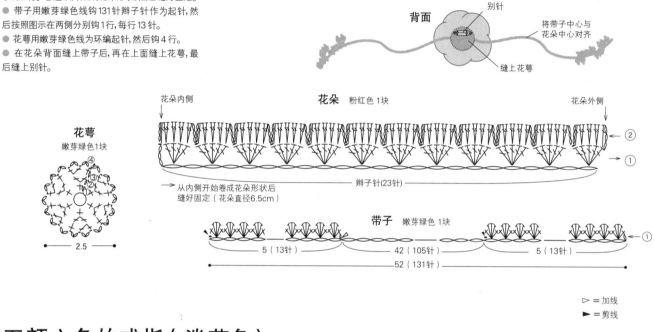

成品图

正面

花朵

背面

别针

将带子中心与花朵中心对齐

缝上花萼

花朵内侧 花朵 粉红色 1块 花朵外侧

② ①

辫子针(23针)

从内侧开始卷成花朵形状后缝好固定(花朵直径6.5cm)

花萼
嫩芽绿色1块

2.5

带子 嫩芽绿色 1块

①

5(13针) 42(105针) 5(13针)

52(131针)

▷ = 加线
► = 剪线

五颜六色的戒指(淡蓝色) photo P.77

用料与工具

中细棉线 原色、淡蓝色各少量 直径8mm的木制串珠1个 2cm宽的花边14cm 戒托(带孔盘金属配件1个 2/0号钩针

成品尺寸

直径3.5cm

钩织要点

● 主体钩30针辫子针作为起针,参考图示,第1行用原色、第2行用淡蓝色钩织。将钩好的织布从一侧卷起缝好固定。在中间缝上珍珠串珠。

● 在制作好的主体下侧缝上打好褶的花边,然后缝在孔盘金属配件上。用黏合剂将孔盘金属配件和戒托粘在一起。

主体 1块

② 淡蓝色
① 原色

9(30针辫子针)

9(30针辫子针)

将主体从一侧卷起卷成圆形,缝好固定

主体的制作方法

在中央缝上木制串珠

3

主体

将花边从距边缘处0.5cm的位置进行拱缝,打好褶后缝在主体四周

0.5

孔盘金属配件

戒托

成品图

3.5

花边 主体

戒托

※在主体下侧缝上花边,然后缝在孔盘金属配件上。用黏合剂将其固定在戒托上

▷ = 加线
► = 剪线

124

五颜六色的戒指（红色） photo P.77

用料与工具
PUPPY Cotton Kona Fine 红色(329)10g、绿色(317)少量 戒托(带孔盘金属配件)1个 直径6mm的珍珠串珠 1个 直径3mm的切面串珠 4个 2/0 号钩针

成品尺寸
花朵直径3cm

钩织要点
● 花瓣按照钩织图钩3行。钩出4块这样的花瓣。
● 叶子按照钩织图进行钩织。钩出2块这样的叶子。
● 将4块花瓣错开重叠后缝好，然后在中间靠边的位置上缝上切面串珠，在中心缝上珍珠串珠。
● 在花瓣下侧适当位置处缝上叶子。然后将其缝在孔盘金属配件上。用黏合剂将孔盘金属配件和戒托粘在一起。

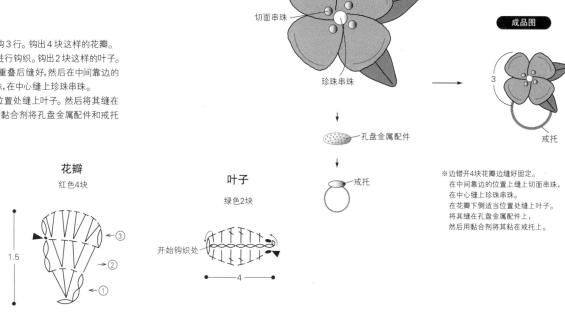

花瓣
红色4块

叶子
绿色2块

开始钩织处

成品图

※边错开4块花瓣边缝好固定。
　在中间靠边的位置上缝上切面串珠，
　在中心缝上珍珠串珠。
　在花瓣下侧适当位置处缝上叶子。
　将其缝在孔盘金属配件上，
　然后用黏合剂将其粘在戒托上。

五颜六色的戒指（浅驼色） photo P.77

用料与工具
PUPPY Cotton Kona Fine 浅驼色(319)少量 戒托(带孔盘金属配件)1个 花边1个 花形带1个 直径6mm的珍珠串珠 1个 2/0 号钩针

成品尺寸
花朵主题图案的直径4cm

钩织要点
● 花朵图案按照图示钩织5行。
● 在花朵主题图案上先后缝上花边、花形带和珍珠串珠，然后将其缝在孔盘金属配件上。用黏合剂将孔盘金属配件和戒托粘在一起。

花朵主题图案

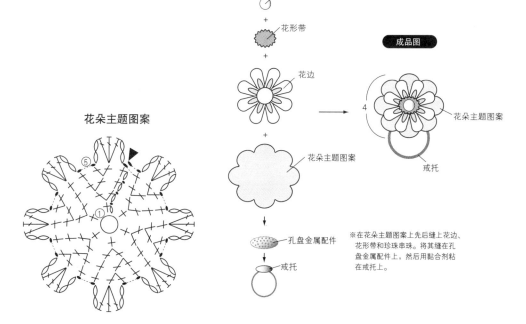

成品图

※在花朵主题图案上先后缝上花边、
　花形带和珍珠串珠。将其缝在孔
　盘金属配件上，然后用黏合剂粘
　在戒托上。

125

三色堇发绳 & 发夹 photo P.77

用料与工具

发绳…细麻线　紫色5g、薰衣草色5g、黄色3g、绿色混合线3g　直径6mm的珍珠串珠1个　发绳18cm　3/0号钩针

发夹…细麻线　紫色5g、薰衣草色3g、黄色3g　直径4mm的珍珠串珠1个　发夹金属配件1个　3/0号钩针

成品尺寸

发绳…10cm

发卡…6cm

钩织要点

发绳

◉ 花朵图案用环编起针,每行换一次钩线颜色共钩织3行。基底、线球用环编起针,按照图示进行钩织。参考成品图进行组合。

发夹

◉ 花朵图案用环编起针,每行换一次钩线颜色共钩织3行。用黏合剂将花朵主题图案粘在发夹金属配件上

发夹用
花朵主题图案
1块

3

第3行…紫色
第2行…薰衣草色
第1行…黄色

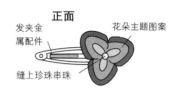

成品图

正面

发夹金属配件

花朵主题图案

缝上珍珠串珠

背面

用黏合剂将花朵主题图案粘在发夹金属配件上

发绳用
花朵主题图案
1块

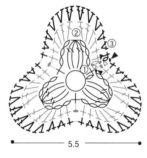

5.5

第3行…紫色
第2行…薰衣草色
第1行…黄色

▷ = 加线
► = 剪线

发绳用
基底
绿色混合线1块

2

2

※最后填入棉花,将线穿入第4行的针脚处收紧

花朵主题图案　**正面**　发绳　在线球中穿入皮筋

缝上珍珠串珠

成品图

背面

缝上基底

126

菊花饰物 photo P.77

用料与工具

HAMANAKA Silk Mohair Parfait（渐变色）红色混合线(105)5g Hamanaka Jumbonny 红色(6)5g 中细羊毛线 黄色3g 中粗马海毛线 绿色3g 别针1个 直径1mm的黄色串珠80个 7/0号、3/0号钩针

成品尺寸

直径9cm(只有花朵部分)

钩织要点

◉ 花朵和花萼用环编起针，按照图示一层一层钩织短针。

◉ 钩织花蕊前先将串珠穿到钩织线上，然后为环编起针。参考图示进行加针，边拨入串珠边钩织短针。

◉ 叶子&茎钩16针辫子针作为起针，按照图示进行钩织。

◉ 参考成品图进行组合。

花朵 7/0号钩针

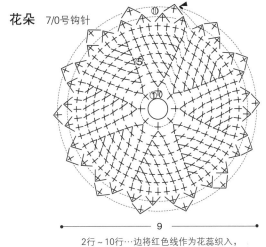

9

2行~10行…边将红色线作为花蕊织入，
边用红色混合双股线进行钩织。

1行…红色混合双股线

花萼 绿色和淡绿色的双股线
7/0号钩针

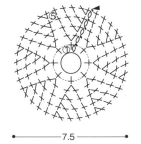

7.5

花蕊 ◯…串珠的位置
3/0号钩针 ※将织布反面暂时当作正面使用

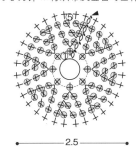

2.5

叶子&茎
7/0号钩针
绿色和淡绿色的双股线

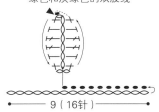

9（16针）

成品图

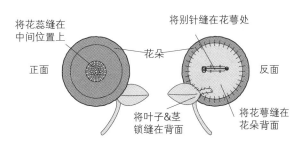

将花蕊缝在中间位置上
将别针缝在花萼处
花朵
正面
反面
将叶子&茎锁缝在背面
将花萼缝在花朵背面

本书为日本原版引进，详细讲解了钩针编织的基础知识，从最最基础的钩针工具、线材和钩针花样讲起，到识别各种钩针符号、如何看钩编图解都有非常详细的、巨细靡遗的讲解，并借用66个来自日本著名编织杂志Marché的可爱、杂货风精选作品以及新作品，配以详细的钩编教程，精心打造出这本值得典藏的钩针入门级教材，特别适合想学习钩针但无任何基础，以及想钩出精美作品但总是遇到难点不知道如何解决的钩针初学者参考。

图书在版编目（CIP）数据

轻松跟我学钩针编织小物：从入门到精通 / ［日］宝库社编著；
裴丽译.—北京：化学工业出版社，2012.9 （2020.1重印）
（手作人典藏版）
ISBN 978-7-122-15204-6

Ⅰ.①轻… Ⅱ.①宝… ②裴… Ⅲ.①钩针－编织－
图解 Ⅳ.①TS935.521-64

中国版本图书馆CIP数据核字（2012）第205225号

ICHIBAN YOKUWAKARU KAGIBARIAMI NO KOMONO (NV70049)
Copyright © NIHON VOGUE-SHA 2010
All rights reserved.
Photographers: MINA IMAI, EMI NAKAJIMA, AYA SUNAHARA, YASUO NAGUMO, SATOMI OCHIAI, HITOSHI YASUDA, TADAAKI OHMORI, NOBUO SUZUKI, MATHA KAWAMURA KANA WATANABE.
Disigner of the projects in this book: YUMI INABA, Petit3*ans SHIZUKA URA, MIKI KUSAMOTO, Sachiyo*Fukao, wasanbon.
Original Japanese edition published in Japan by NIHON VOGUE CO., LTD.,
Simplified Chinese translation rights arranged with BEIJING BAOKU INTERNATIONAL CULTURAL DEVELOPMENT Co., Ltd.
本书中文简体字版由北京宝库国际文化发展有限公司授权化学工业出版社独家出版发行。
未经许可，不得以任何方式复制或抄袭本书的任何部分，违者必究。

北京市版权局著作权合同登记号：01-2012-0667

责任编辑：高 雅　　　　　　　　　　　　装帧设计：尹琳琳
责任校对：宋 玮　　　　　　　　　　　　排版制作：朱其林　刘碧微　刘 科

出版发行：化学工业出版社（北京市东城区青年湖南街13号 邮政编码100011）
印　　装：北京新华印刷有限公司
880mm×1092m　1/16　印张8　字数293千字　2020年1月北京第1版第2次印刷

购书咨询：010-64518888　　　售后服务：010-64518899
网　　址：http://www.cip.com.cn
凡购买本书，如有缺损质量问题，本社销售中心负责调换。

定　　价：32.80元